高等教育工业机器人课程实操推荐教材

工业机器人实操与应用技巧

第 3 版

叶　晖　吕世霞　丁度坤　　编　著
卢飞跃　何智勇　肖步崧

机械工业出版社

本书基于 ABB 工业机器人操作系统 RobotWare6.08 以上版本，围绕着从认识到熟练操作 ABB 工业机器人，能够独立完成工业机器人的基本操作，以及根据实际应用进行基本编程这一主题，通过详细的图解实例对 ABB 工业机器人的操作、编程相关的方法与功能进行讲述，让读者了解与操作和编程作业相关的每一项具体操作方法，从而使读者对 ABB 工业机器人的软件、硬件有全面的认识。为方便读者学习，赠送教学 PPT 课件，请联系微信公众号 robotpartnerweixin 或 QQ296447532 获取。

本书适合普通高校和职业院校工业机器人及自动化相关专业学生，以及从事 ABB 工业机器人应用的操作与编程人员，特别是刚接触 ABB 工业机器人的工程技术人员使用。

图书在版编目（CIP）数据

工业机器人实操与应用技巧/叶晖等编著. —3 版. —北京：机械工业出版社，2023.9（2025.1 重印）
高等教育工业机器人课程实操推荐教材
ISBN 978-7-111-73684-4

Ⅰ. ①工… Ⅱ. ①叶… Ⅲ. ①工业机器人－高等学校－教材 Ⅳ. ①TP242.2

中国国家版本馆 CIP 数据核字（2023）第 153876 号

机械工业出版社（北京市百万庄大街 22 号 邮政编码 100037）
策划编辑：周国萍　　　　　　　责任编辑：周国萍　刘本明
责任校对：张晓蓉　李　婷　　　封面设计：陈　沛
责任印制：常天培

北京机工印刷厂有限公司印刷

2025 年 1 月第 3 版第 8 次印刷
184mm×260mm · 21.25 印张 · 486 千字
标准书号：ISBN 978-7-111-73684-4
定价：59.00 元

电话服务　　　　　　　　　网络服务
客服电话：010-88361066　　机 工 官 网：www.cmpbook.com
　　　　　010-88379833　　机 工 官 博：weibo.com/cmp1952
　　　　　010-68326294　　金 书 网：www.golden-book.com
封底无防伪标均为盗版　　机工教育服务网：www.cmpedu.com

前言

生产力的不断进步推动了科技的进步与革新，建立了更加合理的生产关系。自工业革命以来，人力劳动已经逐渐被机械所取代，而这种变革为人类社会创造出了巨大的财富，极大地推动了人类社会的进步。时至今天，机电一体化、机械智能化等技术已得到广泛应用。人类充分发挥出了主观能动性，进一步增强了对机械的开发和利用，使之为我们创造出了更加巨大的生产力，并在一定程度上维护了社会的和谐。工业机器人的出现是人类利用机械进行社会生产史上的一个里程碑。在发达国家中，工业机器人自动化生产线成套设备已成为自动化装备的主流及未来的发展方向。国外汽车行业、电子电器行业、工程机械行业等已经大量使用工业机器人自动化生产线，以保证产品质量，提高生产率，同时避免了大量的工伤事故。全球诸多国家近半个世纪的工业机器人的使用实践表明，工业机器人的普及是实现自动化生产、提高社会生产率、推动企业和社会生产力发展的有效手段。

全球领先的工业机器人制造商 ABB 致力于研发、生产机器人已有 40 多年的历史，是工业机器人的先行者，拥有全球超过 50 多万台机器人的安装经验，在瑞典、挪威和中国等地设有机器人研发、制造和销售基地。ABB 于 1969 年售出全球第一台喷涂机器人，于 1974 年发明了世界上第一台工业机器人，并拥有当今种类较多、较全面的机器人产品、技术和服务，以及较大的机器人装机量。

本书的描述是基于 ABB 工业机器人 IRC 5 操作系统 RobotWare 6.08 以上版本，以 ABB 工业机器人为任务对象，就如何正确使用与操作工业机器人进行了详细的讲解，力求让读者对 ABB 工业机器人的操作有一个全面的了解。本书是第 3 版，主要从以下两个方面进行了更新：第一，根据过去 7 年广大读者的反馈意见，对第 2 版中的错误内容进行了适时修正，更加贴合一线实际的使用需要；第二，近年来 ABB 工业机器人硬件与软件进行了大规模升级，相关的内容也在第 3 版中进行了更新。本书的内容简明扼要、图文并茂、通俗易懂，适合普通高校和职业院校工业机器人及自动化相关专业学生作为教材使用，同时适合从事工业机器人操作，特别是刚刚接触 ABB 工业机器人的工程技术人员阅读参考。

本书由叶晖、吕世霞、丁度坤、卢飞跃、何智勇、肖步崧编著。中国 ABB 机器人市场部为本书的编写提供了许多宝贵意见，本书在编写过程中获得北京电子科技职业学院、东莞职业技术学院和广州番禺职业技术学院的大力支持，在此表示感谢。尽管编著者主观上想努力使读者满意，但在书中肯定还会有不尽如人意之处，欢迎读者提出宝贵的意见和建议。

编著者

目录

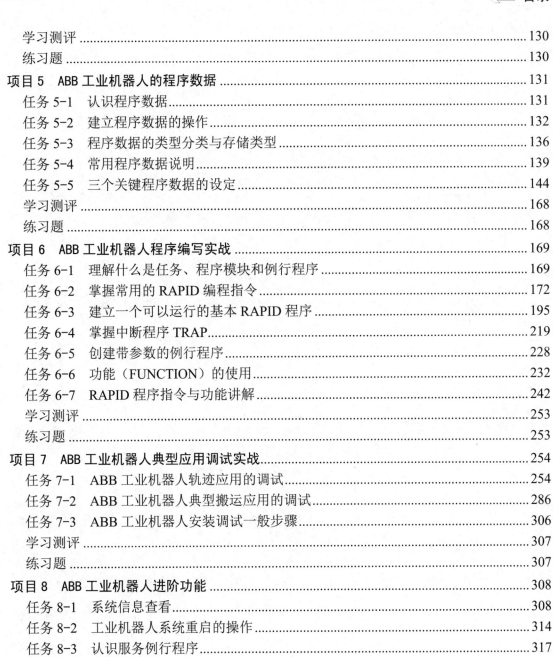

项目 1　了解工业机器人和学习准备

任务目标

- ➢ 了解工业机器人的现状与趋势
- ➢ 掌握工业机器人的典型结构
- ➢ 掌握用好 ABB 工业机器人的要求
- ➢ 掌握 ABB 工业机器人的安全注意事项
- ➢ 学会构建基础练习用的工业机器人虚拟工作站

任务 1-1　工业机器人的现状与趋势

工作任务

- ➢ 了解工业机器人的特点
- ➢ 了解工业机器人发展的现状与趋势

工业机器人是集机械、电子、控制、传感、人工智能等多学科先进技术于一体的自动化装备。自 1956 年机器人产业诞生后，经过 60 多年的发展，工业机器人已经被广泛应用在装备制造、新材料、生物医药、智慧新能源等高新产业。机器人与人工智能技术、先进制造技术和移动互联网技术的融合发展，推动了人类社会生活方式的变革。

工业机器人最显著的特点如下：

（1）可编程　生产自动化的进一步发展是柔性自动化。工业机器人可随其工作环境变化的需要而再编程，因此它在小批量、多品种、具有均衡高效率的柔性制造过程中能发挥很好的功用，是柔性制造系统中的一个重要组成部分。

（2）拟人化　工业机器人在机械结构上有类似人的行走、转腰、大臂、小臂、手腕、手爪等部分，在控制上有计算机。此外，智能化工业机器人还有许多类似人类的"生物传感器"，如皮肤型接触传感器、力传感器、负载传感器、视觉传感器、声觉传感器、语言功能等。传感器提高了工业机器人对周围环境的自适应能力。

（3）通用性　除了专门设计的专用工业机器人外，一般工业机器人在执行不同的作业任务时具有较好的通用性。比如，更换工业机器人手部末端操作器（手爪、工具等）便可执行不同的作业任务。

工业机器人的定义随着科技的不断发展，也在不断完善，工业机器人在我国已经进入市场的爆发期，业界对此普遍持乐观态度。在我国廉价劳动力优势逐渐消失的背景下，"机器换人"已是大势所趋。面对机器人产业诱人的大蛋糕，我国各地都已行动起来，机器人企业都在积极应对，迭代创新，以满足用户对机器人不断提高的要求。

任务 1-2　掌握工业机器人的典型结构

工作任务

➤ 掌握工业机器人的典型结构

1. 直角坐标工业机器人（图 1-1）

直角坐标工业机器人一般做 2～3 个自由度运动,每个运动自由度之间的空间夹角为直角，可实现自动控制，可重复编程，所有的运动均按程序运行。直角坐标工业机器人一般由控制系统、驱动系统、机械系统、操作工具等组成。直角坐标工业机器人因操作工具的不同，功能也不同，具有高可靠性、高速度和高精度的特点，可工作在恶劣的环境下，可长期工作，且便于操作和维修。

图 1-1　直角坐标工业机器人

2. 平面关节型工业机器人（图 1-2）

平面关节型工业机器人又称为 SCARA 工业机器人，是圆柱坐标工业机器人的一种形式。SCARA 工业机器人有三个旋转关节，其轴线相互平行，在平面内进行定位和定向；还有一个移动关节，用于完成末端件在垂直于平面的运动。SCARA 工业机器人精度高，动作范围较大，坐标计算简单，结构轻便，响应速度快，但负载较小。

SCARA 系统在 X、Y 轴方向上具有顺从性，而在 Z 轴方向上具有良好的刚度，此特性特别适合装配工作，例如将一个圆头针插入一个圆孔，因此 SCARA 系统大量用于装配印制电路板和电子零部件；SCARA 的另一个特点是其串接的两杆结构类似人的手臂，可以伸进有限空间中作业然后收回，适合搬动和取放物件，如集成电路板等。

如今 SCARA 工业机器人广泛应用于塑料工业、汽车工业、电子产品工业、药品工业和食品工业等领域。它的主要职能是拾取零件和装配。它的第一个轴和第二个轴具有转动特性，第三个轴和第四个轴可以根据不同的工作需要，制造成相应的多种不同形态，并且一个具有转动、另一个具有线性移动的特性。由于其具有特定的形状，决定了其工作范围类似于一个扇形区域。

图 1-2　SCARA 工业机器人

3. 并联工业机器人（图 1-3）

并联工业机器人又称为 DELTA 工业机器人，属于高速、轻载的工业机器人，一般通过示教编程或视觉系统捕捉目标物体，由三个并联的伺服轴确定夹具中心（TCP）的空间位置，实现目标物体的运输、加工等操作。DELTA 工业机器人主要用于食品、药品和电子产品等的加工和装配。DELTA 工业机器人以其质量轻、体积小、运动速度快、定位精确、成本低、效率高等特点，正在被广泛应用。

DELTA 工业机器人是典型的空间三自由度并联机构，整体结构精密、紧凑，驱动部分均布于固定平台，这些特点使它具有如下特性：

1）承载能力强、刚度大、自重负荷比小、动态性能好。

2）并行三自由度机械臂结构，重复定位精度高。

3）超高速拾取物品，一秒钟多个节拍。

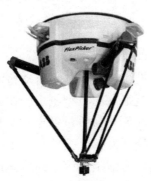

图 1-3　DELTA 工业机器人

4. 串联工业机器人（图1-4）

串联工业机器人拥有 4 个或 4 个以上旋转轴，其中 6 个轴是最普通的形式，类似于人类的手臂，应用于装货、卸货、喷漆、表面处理、测试、测量、弧焊、点焊、包装、装配、切削机床、固定、特种装配操作、锻造、铸造等。

串联工业机器人有很高的自由度，适合于几乎任何轨迹或角度的工作；可以自由编程，完成全自动化的工作，生产率高，错误率可控制，能代替人完成有害身体健康的复杂工作，比如汽车外壳点焊、金属部件打磨。

图 1-4　串联工业机器人

本书就是以串联工业机器人作为对象进行讲解的。

5. 协作工业机器人（图1-5）

在传统的工业机器人逐渐取代单调、重复性高、危险性强的工作之时，协作工业机器人也将会慢慢渗入各个工业领域，与人共同工作。这将引领一个全新的工业机器人与人协同工作时代的来临，随着工业自动化的发展，我们发现需要协助型的工业机器人配合人来完成工作任务，这样比工业机器人的全自动化工作站具有更好的柔性和成本优势。

图 1-5　协作工业机器人

任务 1-3　掌握用好 ABB 工业机器人的要求

工作任务

➢ 掌握用好 ABB 工业机器人的要求

工业机器人是综合应用计算机、自动控制、自动检测及精密机械装置等高新技术的产物，是技术密集度及自动化程度很高的典型机电一体化加工设备。使用工业机器人的优越性是显而易见的，不仅精度高、产品质量稳定，而且自动化程度极高，可大大减轻工人的劳动强度和提高生产率。特别值得一提的是，工业机器人可完成一般人工操作难以完成的精密工作，如激光切割、精密装配等，因此其在自动化生产中的地位越来越显得重要。但是，我们要清醒地认识到，能否达到工业机器人以上所述的优点，还要看操作者在生产中能不能恰当、正确地使用。下面从操作者的角度来谈一下 ABB 工业机器人使用中应注意的事项，以保证工业机器人的优越性得以充分发挥，减少工业机器人因不当操作而损坏的概率。

1. 提高操作人员的综合素质

工业机器人的使用有一定的难度，因为它是典型的机电一体化产品，牵涉的知识面较宽，即操作者应具有机、电、液、气等更宽广的专业知识，因此对操作人员的素质要求很高。目前，一个不可忽视的现象是工业机器人的用户越来越多，但工业机器人利用率还不算高，当然有时是生产任务不饱和，但还有一个更为关键的因素是工业机器人操作人员素质不够高，碰到一些问题不知如何处理。这就要求使用者具有较高的素质，能冷静对待问题，头脑清醒，现场判断能力强，当然还应具有较扎实的自动化控制技术基础等。一般情况下，新购工业机器人时，设备提供商会为用户提供技术培训的机会，虽然时间不长，但针对性很强，用户应予以重视，参加人员应包括以后的工业机器人操作员以及维修人员。操作人员综合素质的提高不是一两天的事情，而是要抓长久，在日后的使用中应不断积累。还有一个值得一试的办法是走访一些工业机器人同类应用的老用户，他们有很丰富的实践经验，最有发言权，可请求他们的帮助，让他们为操作员以及维修人员进行一定的培训，这是短时间内提高操作人员综合素质最有效的办法。

2. 遵循正确的操作规程

不管什么应用的工业机器人，它都有一套自己的操作规程。它既是保证操作人员安全的重要措施之一，也是保证设备安全、产品质量等的重要措施。使用者在初次进行操作时，必须认真地阅读设备提供商提供的使用说明书，按照操作规程正确操作。工业机器人在第一次使用或长期没有使用时，应先慢速手动操作其各轴进行运动（如有需要时，还要进行机械原点的校准），这些对初学者来说尤其应引起重视。

3. 尽可能提高工业机器人的开动率

工业机器人购进后，如果它的开动率不高，不但使用户投入的资金不能起到再生产的作用，而且很可能因过保修期，设备发生故障需要支付额外的维修费用。在保修期内尽量多地发现问题，平常缺少生产任务时，也不能空闲不用。如果工业机器人长期不用，可能会由于受潮等原因加快电子元器件的变质或损坏，并出现机械部件的锈蚀问题。使用者要定期通电，空运行 1h 左右。正所谓生命在于运动，机器也适用这一道理。

4. 如何学好本书的知识点

本书是以一位工业机器人初学者的视角来展开讲解的，所以在开始阅读本书的时候，可以根据自己对 ABB 工业机器人的掌握情况进行。

1）如果你对工业机器人是从零开始的话，请从项目1开始阅读并根据里面的操作提示一步步地进行学习。

2）如果你已掌握 ABB 工业机器人的基本操作，则可以通过阅读目录选择感兴趣的章节进行阅读。

在阅读的过程中遇到任何问题，可以参考微信公众号：叶晖 yehui。

任务1-4 掌握ABB工业机器人安全的注意事项

工作任务

- 掌握工业机器人操作的安全注意事项
- 能识别工业机器人在操作过程的危险因素

操作工业机器人或工业机器人系统时应遵守的安全原则和规程如下。

⚠ 关闭总电源！

在进行工业机器人的安装、维修和保养时，切记要将总电源关闭。带电作业可能会产生致命性后果。如不慎遭高压电击，可能会导致心搏停止、烧伤或其他严重伤害。

⚠ 与工业机器人保持足够安全距离！

在调试与运行工业机器人时，它可能会执行一些意外的或不规范的运动。并且，所有的运动都会产生很大的力量，从而严重伤害个人和/或损坏工业机器人工作范围内的任何设备。所以应时刻保持与工业机器人足够的安全距离。

⚠ 静电放电危险！

ESD（静电放电）是电势不同的两个物体间的静电传导，它可以通过直接接触传导，也可以通过感应电场传导。搬运部件或部件容器时，未接地的人员可能会传导大量的静电荷。这一放电过程可能会损坏敏感的电子设备。所以在有此标识的情况下，要做好静电放电防护。

⚠ 紧急停止！

紧急停止优先于任何其他工业机器人控制操作，它会断开工业机器人电动机（界面中为“电机”）的驱动电源，停止所有运转部件，并切断由工业机器人系统控制且存在潜在危险的功能部件的电源。出现下列情况时请立即按下任意紧急停止按钮。

1）工业机器人运行中，工作区域内有工作人员。

2）工业机器人伤害了工作人员或损伤了机器设备。

⚠ 灭火！

发生火灾时，请确保全体人员安全撤离后再行灭火。应首先处理受伤人员。当电气设备（例如工业机器人或控制器）起火时，应使用二氧化碳灭火器。切勿使用水或泡沫。

(!) 工作中的安全！

工业机器人速度慢，但是很重并且力度很大。运动中的停顿或停止都会产生危险。即使可以预测运动轨迹，但外部信号有可能改变操作，会在没有任何警告的情况下，产生料想不到的运动。

因此，当进入保护空间时，务必遵循所有的安全条例。

1）如果在保护空间内有工作人员，请手动操作工业机器人系统。

2）当进入保护空间时，请准备好示教器 FlexPendant，以便随时控制工业机器人。

3）注意旋转或运动的工具，例如切削工具和锯。确保在接近工业机器人之前，这些工具已经停止运动。

4）注意工件和工业机器人系统的高温表面。工业机器人电动机长期运转后温度很高。

5）注意夹具并确保夹好工件。如果夹具打开，工件会脱落并导致人员伤害或设备损坏。夹具非常有力，如果不按照正确方法操作，也会导致人员伤害。

6）注意液压、气压系统以及带电部件。即使断电，这些电路上的残余电量也很危险。

⚠ **示教器的安全！**

示教器 FlexPendant 是一种高品质的手持式终端，它配备了一流的高灵敏度电子设备。为避免操作不当引起的故障或损害，请在操作时遵循以下说明。

1）小心操作。不要摔打、抛掷或重击 FlexPendant。这样会导致破损或故障。在不使用该设备时，将它挂到专门存储它的支架上，以便不会意外掉到地上。

2）FlexPendant 的使用和存储应避免被人踩踏电缆。

3）切勿使用锋利的物体（例如螺钉旋具或笔尖）操作触摸屏。这样可能会使触摸屏受损。应用手指或触摸笔（位于带有 USB 端口的 FlexPendant 的背面）来操作示教器触摸屏。

4）定期清洁触摸屏。灰尘和小颗粒可能会挡住屏幕造成故障。

5）切勿使用溶剂、洗涤剂或擦洗海绵清洁 FlexPendant。应使用软布醮少量水或中性清洁剂清洁。

6）没有连接 USB 设备时，务必盖上 USB 端口的保护盖。如果端口暴露到灰尘中，那么它会中断或发生故障。

⚠ **手动模式下的安全！**

在手动减速模式下，工业机器人只能减速（250mm/s 或更慢）操作（移动）。只要在安全保护空间之内工作，就应始终以手动速度进行操作。

在手动全速模式下，工业机器人以程序预设速度移动。手动全速模式应仅用于所有人员都位于安全保护空间之外时，且操作人员必须经过特殊训练，深知潜在的危险。

⚠ **自动模式下的安全！**

自动模式用于在生产中运行工业机器人程序。在自动模式操作情况下，常规模式停止（GS）机制、自动模式停止（AS）机制和上级停止（SS）机制都将处于活动状态。

任务 1-5 构建基础练习用的工业机器人虚拟工作站

工作任务

➢ 正确安装 RobotStudio 虚拟仿真软件

➤ 在 RobotStudio 中新建一个虚拟工业机器人

1. 下载 RobotStudio 机器人虚拟仿真软件的方法

1）直接登录 ABB 官方网站 www.robotstudio.com 进行下载。

2）关注微信公众号叶晖 yehui 或扫一扫下面的二维码进行下载。

2. 安装 RobotStudio 的计算机配置建议

为了确保 RobotStudio 能够正确地安装并且有良好的操作体验，请注意以下的事项：

1）计算机的系统配置建议见表 1-1。

表 1-1　计算机的系统配置建议

硬　件	要　求
CPU	i5 或以上
内存	16GB 或以上
硬盘	空闲 50GB 以上
显卡	独立显卡
操作系统	Windows10 或以上

2）操作系统中的防火墙可能会造成 RobotStudio 的不正常运行，如无法连接虚拟控制器，建议关闭防火墙或对防火墙的参数进行恰当的设定。

3. 安装 RobotStudio

下面以 RobotStudio 6.08.01 为例，讲解具体安装的过程。

➲小技巧

ABB 公司大概每隔半年发布一个 RobotStudio 新版本，主要是添加新的工业机器人、增加新功能和修复一些已知问题。新版本安装的步骤基本都是一样的，只是个别步骤可能会有差异，所以不用担心。建议总是使用最新的版本。

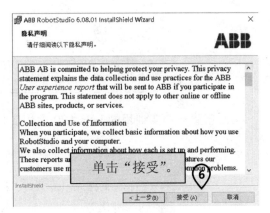

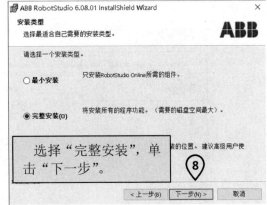

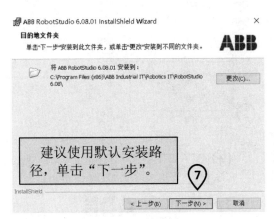

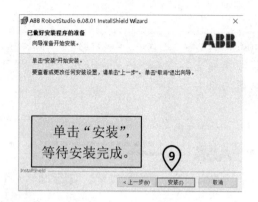

在桌面双击"RobotStudio 6.08",打开软件。

⑩

单击"安装",等待安装完成。

⑨

⊃ 小技巧

在 Robotstudio 的安装过程中,可能会要求重启,跟着提示进行操作即可。

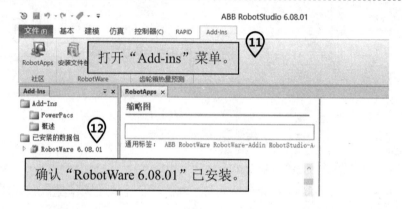

打开"Add-ins"菜单。

⑪

⑫

确认"RobotWare 6.08.01"已安装。

4. 创建一个实训用的 IRB 120 虚拟工作站

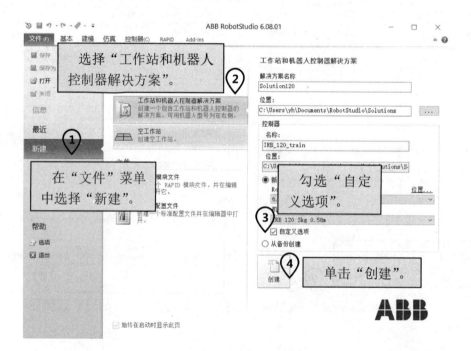

选择"工作站和机器人控制器解决方案"。

②

在"文件"菜单中选择"新建"。

①

勾选"自定义选项"。

③

单击"创建"。

④

⊃小技巧

1）设置"解决方案名称"时，只能使用英文字符。

2）设置"位置"时，路径中不包含中文字符。

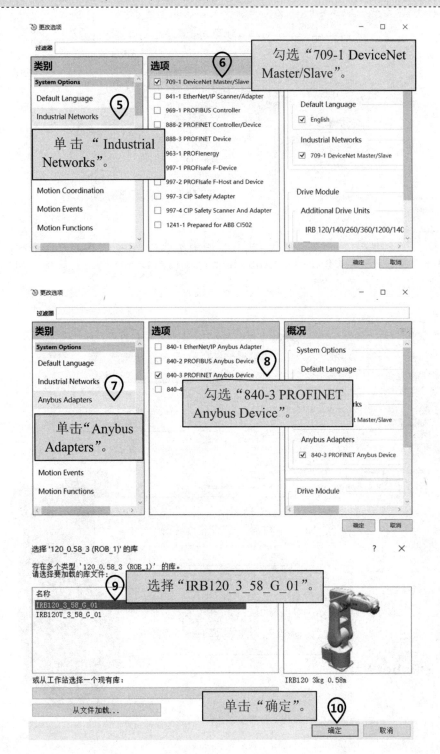

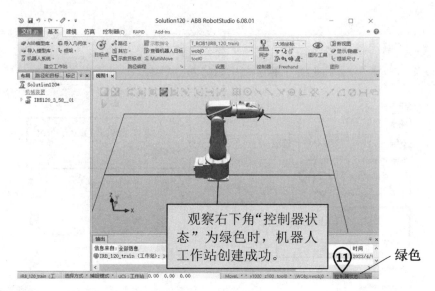

观察右下角"控制器状态"为绿色时,机器人工作站创建成功。

⑪

绿色

➲小技巧

如果"控制器状态"不为绿色,说明虚拟控制器未能正常启动。大多数原因是 Windows 系统中的防火墙与杀毒软件阻断了 RobotStudio 中的虚拟网络连接。建议关闭相关的网络阻断的设定,再新建工作站。

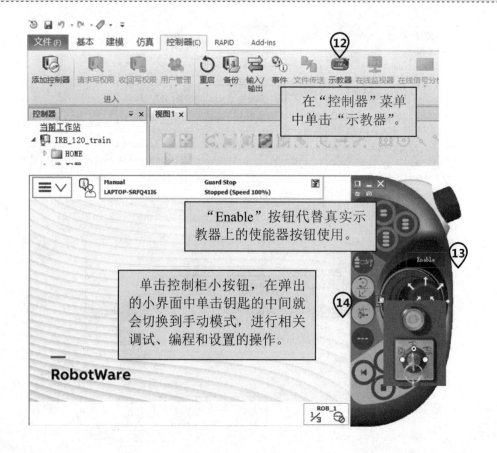

在"控制器"菜单中单击"示教器"。

"Enable"按钮代替真实示教器上的使能器按钮使用。

单击控制柜小按钮,在弹出的小界面中单击钥匙的中间就会切换到手动模式,进行相关调试、编程和设置的操作。

5. 为虚拟工业机器人修改显示语言

工业机器人示教器第一次上电，系统默认的显示语言是英语。为了读者的操作与理解的方便，先将语言切换为中文。具体操作如下：

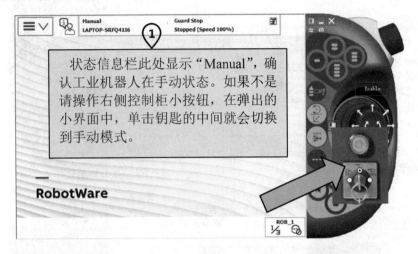

① 状态信息栏此处显示"Manual"，确认工业机器人在手动状态。如果不是请操作右侧控制柜小按钮，在弹出的小界面中，单击钥匙的中间就会切换到手动模式。

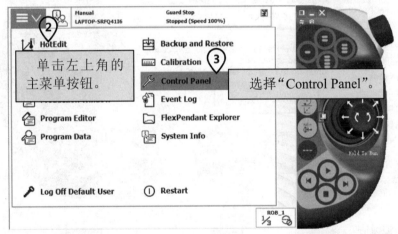

② 单击左上角的主菜单按钮。

③ 选择"Control Panel"。

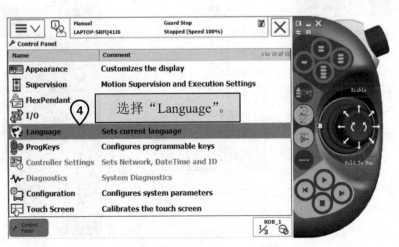

④ 选择"Language"。

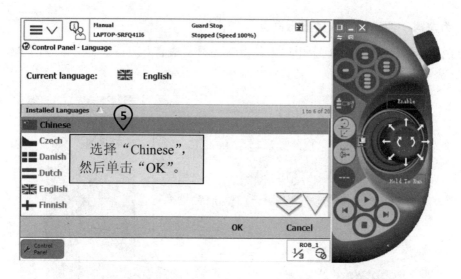

选择"Chinese"，然后单击"OK"。

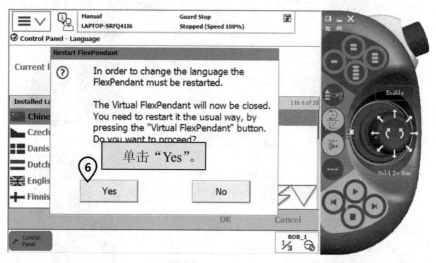

单击"Yes"。

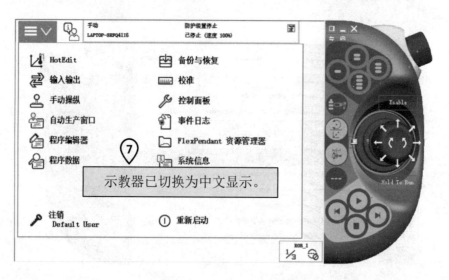

示教器已切换为中文显示。

学习测评

自我学习测评见表1-2。

表1-2 自我学习测评

要　　求	自 我 评 价			备　　注
	掌握	知道	再学	
了解工业机器人的现状与趋势				
掌握工业机器人的典型结构				
掌握学好工业机器人的学习要求				
掌握工业机器人的安全注意事项				

练习题

1. 工业机器人最显著的特点是什么？
2. 工业机器人的典型结构有什么？
3. 请总结学好工业机器人的要求是什么？
4. 工业机器人的安全注意事项有哪些？
5. 在RobotStudio中创建一个虚拟工业机器人用于学习。

项目 2 工业机器人的拆包与安装

任务目标

➢ 掌握工业机器人拆包装的操作流程
➢ 掌握清点工业机器人标准装箱物品的操作流程
➢ 掌握工业机器人本体与控制柜的安装流程
➢ 掌握工业机器人本体与控制柜的连接流程

任务描述

工业机器人都是按照标准流程打包好才发送到客户现场的。下面来学习工业机器人到达客户现场后，如何进行拆包与安装的工作。

任务 2-1 工业机器人拆包装的操作

工作任务

➢ 掌握包装外观检查的要点
➢ 掌握工业机器人拆包装的一般流程

工业机器人到达现场后，第一时间检查外观是否有破损，是否有进水等异常情况。如果有问题，马上联系厂家及物流公司进行处理。

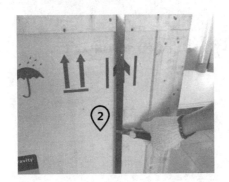

②使用合适的工具剪断箱子上的两条钢扎带。

③将剪断的钢扎带取走。

④需要两人根据箭头方向，将箱体向上抬起放置到一边，与包装底座进行分离。

⑤ 尽量保证箱体的完整，以便日后重复使用。

任务 2-2 清点工业机器人标准装箱物品

工作任务

➢ 了解标准装箱物品的清单
➢ 学会清点物品的技巧

① 以 ABB 工业机器人 IRB 1200 为例，包括 4 个主要物品：工业机器人本体、示教器、线缆配件及控制柜。

② 两个纸箱打开后，展开的内容物如左图所示。

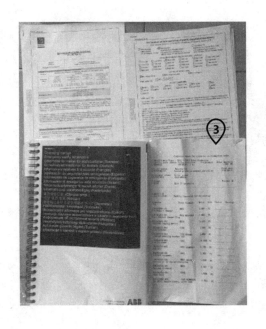

③ 随机的文档：SMB 电池安全说明、出厂清单、基本操作说明书和装箱单。

任务 2-3 工业机器人本体与控制柜安装

工作任务

➤ 将工业机器人本体安装并固定到工作台上
➤ 将控制柜安装放置到工作台里

① 将控制柜从木箱底座上安放到工业机器人工作台下面。

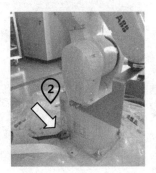

② 使用螺钉旋具拧下工业机器人固定在底座上的螺钉。一共4枚。

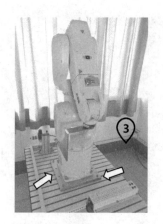

③ 将工业机器人安装到工业机器人工作台，并拧紧工业机器人本体底盘上的 4 颗螺钉。然后将固定工业机器人姿态的支架拆掉。

任务 2-4　工业机器人本体与控制柜电气连接

工作任务

➤ 完成动力、SMB 和示教器电缆的连接
➤ 完成电源线的制作与接线

① 共有三条必须连接的电缆，分别是：
1）动力电缆。
2）SMB 电缆。
3）示教器电缆。

② 将动力电缆标注为 XP1 的插头接入控制柜。

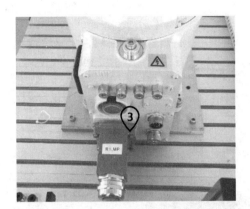

③ 将动力电缆标为 R1.MP 的插头接入工业机器人本体底座的插头。

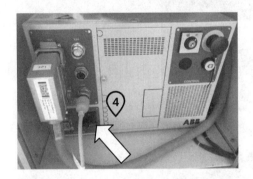

④ 将 SMB 电缆（直头）接头插入控制柜 XS2 端口。

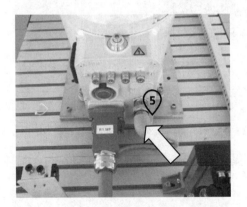

⑤ 将 SMB 电缆（弯头）接头插入工业机器人本体底座 SMB 端口。

⑥ 将示教器电缆（红色）的接头插入控制柜 XS4 端口。

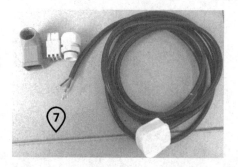

⑦ 此项目中 IRB 1200 使用单相 220V 供电，最大功率 0.5kW。根据此参数，准备电源线并且制作控制柜端的接头。

控制柜端电源接头定义说明如图 2-1 所示。

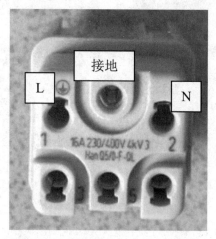

图 2-1 控制柜端电源接头定义说明

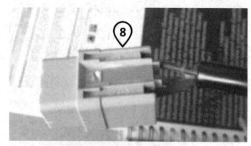

⑧ 将电源线根据定义进行接线。一定要将电线涂锡后插入接头压紧。

⑨ 已制作好的电源线如左图所示。

⑩ 检查电源电缆正常后，将电源接头插入控制柜 XP0 端口并锁紧。

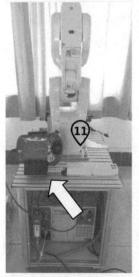

⑪ 将示教器支架安装到合适的位置，然后将示教器放置好。

⑫ 确认所有连接正确后，打开电源开关进行试运行。

学 习 测 评

自我学习测评见表 2-1。

表 2-1 自我学习测评

要　　求	自 我 评 价			备　　注
	掌握	知道	再学	
学会工业机器人拆包装的操作流程				
学会清点工业机器人标准装箱物品的操作流程				
学会工业机器人本体与控制柜的安装				
学会工业机器人本体与控制柜的连接				

练 习 题

1. 请描述工业机器人拆包装的操作流程。
2. 工业机器人标准装箱物品有哪些?
3. 请总结工业机器人本体与控制柜的安装流程。
4. 请总结工业机器人本体与控制柜的连接流程。

项目 3 工业机器人的基本操作

任务目标

➢ 认识及使用 ABB 工业机器人的示教器（FlexPendant）
➢ 学会查看常用信息与事件日志
➢ 学会数据的备份与恢复
➢ 学会工业机器人的手动操纵
➢ 学会转数计数器更新的操作

任务描述

操作工业机器人就必须与 ABB 工业机器人的示教器（FlexPendant）打交道，如图 3-1 所示。

图 3-1　示教器

FlexPendant 是一种手持式操作装置，由硬件和软件组成，用于执行与操作和工业机器人系统有关的许多任务，如运行程序、参数配置、修改机器人程序等。FlexPendant 可在恶劣的工业环境下持续运作，其触摸屏易于清洁，且防水、防油、防溅泼。FlexPendant 本身就是一台完整的计算机，它通过集成线缆和接头连接到控制器。

通过任务的学习，读者可以认识 ABB 工业机器人的示教器及通过示教器对工业机器人数据进行备份与恢复、手动操纵工业机器人、更新工业机器人的转数计数器。

任务 3-1　认识示教器——配置必要的操作环境

工作任务

➢ 了解示教器上各按钮的作用
➢ 设定示教器的显示语言

> ➤ 设定工业机器人系统的时间
> ➤ 正确使用使能器按钮

1. 示教器

在示教器上，绝大多数的操作都是在触摸屏上完成的，同时也保留了必要的按钮和操作装置，如图 3-2 所示。

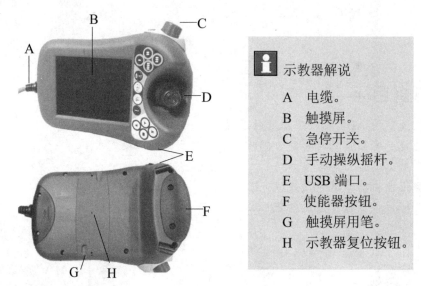

示教器解说

A   电缆。
B   触摸屏。
C   急停开关。
D   手动操纵摇杆。
E   USB 端口。
F   使能器按钮。
G   触摸屏用笔。
H   示教器复位按钮。

图 3-2   示教器说明

在了解了示教器的构造后，来看看应该如何拿示教器，如图 3-3 所示。

这个时候，你就能舒适地将示教器放在左手上，然后用右手进行屏幕和按钮的操作，如图 3-4 所示。

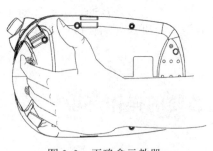

图 3-3   正确拿示教器

图 3-4   用右手操作屏幕和按钮

2. 设定示教器的显示语言

示教器出厂时，默认的显示语言是英语，为了方便操作，下面介绍把显示语言设定为中文的操作步骤。

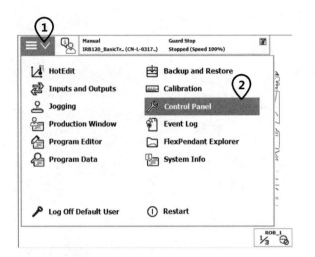

① 单击左上角主菜单按钮。

② 选择 "Control Panel"。

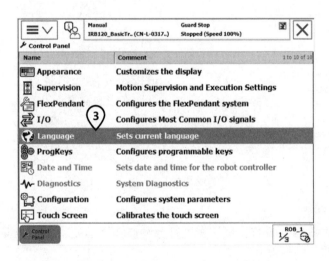

③ 选择 "Language"。

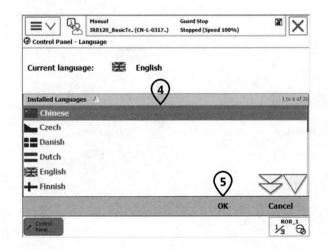

④ 选择 "Chinese"。

⑤ 单击 "OK"。

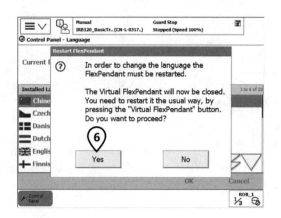

⑥ 单击 "Yes" 后，系统重启。

⑦ 重启后，单击左上角按钮就能看到菜单已切换成中文界面

3. 设定工业机器人系统的时间

为了方便进行文件的管理和故障的查阅与管理，在进行各种操作之前要将工业机器人系统的时间设定为本地时区的时间，具体操作如下：

① 单击左上角主菜单按钮。

② 选择 "控制面板"。

③选择"日期和时间"。

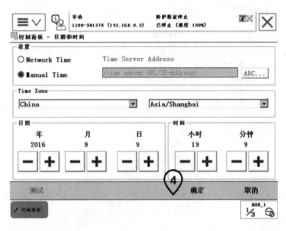

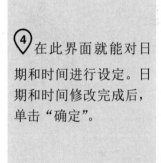

④在此界面就能对日期和时间进行设定。日期和时间修改完成后，单击"确定"。

4. 正确使用使能器按钮

使能器按钮位于示教器手动操作摇杆的右侧（图3-5）。操作者应用左手的四个手指进行操作（图3-6）。

使能器按钮分为两档。在手动状态下按第一档，工业机器人处于电动机开启状态，如图3-7所示（图中为"电机开启"）。

使能器按钮

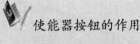
使能器按钮的作用

使能器按钮是工业机器人为保证操作人员人身安全而设置的。

只有在按下使能器按钮，并保持在"电机开启"的状态，才可对工业机器人进行手动的操作与程序的调试。

当发生危险时，人会本能地将使能器按钮松开或按紧，工业机器人则会马上停下来，保证安全。

图3-5　使能器按钮

图 3-6　正确操作使能器按钮

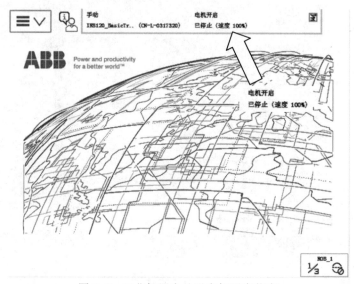

图 3-7　工业机器人处于电机开启状态

按第二档（用力按到底），工业机器人就会处于"防护装置停止"状态，如图 3-8 所示。这样设置的目的在于，当发生危险时，人会自然反应地握紧拳头，能通过使能器将工业机器人停止下来。

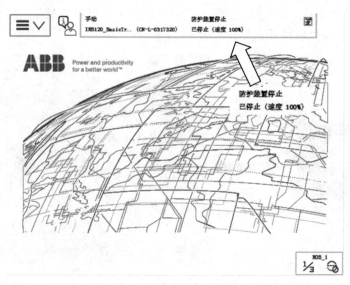

图 3-8　工业机器人处于"防护装置停止"状态

任务 3-2 查看 ABB 工业机器人常用信息与事件日志

工作任务

➢ 查看 ABB 工业机器人常用信息

➢ 查看 ABB 工业机器人事件日志

可以通过示教器界面上的状态栏进行 ABB 工业机器人常用信息及事件日志的查看。

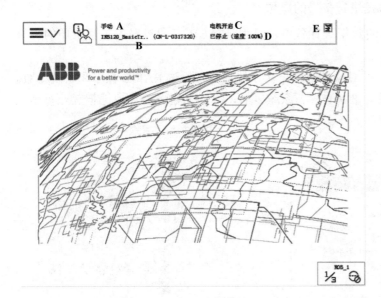

A 工业机器人的状态（手动、全速手动和自动）。

B 工业机器人的系统信息。

C 工业机器人电机的状态。

D 工业机器人的程序运行状态。

E 当前工业机器人或外轴的使用状态。

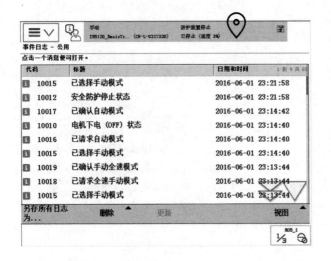

📍 单击界面中的状态栏，可以查看工业机器人的事件日志。

任务 3-3　ABB 工业机器人数据的备份与恢复

工作任务

➤ 对 ABB 工业机器人数据进行备份

➤ 对 ABB 工业机器人数据进行恢复

➤ 单独导入程序

➤ 单独导入 EIO 文件

1. 对 ABB 工业机器人数据进行备份的操作

定期对 ABB 工业机器人的数据进行备份，是保证 ABB 工业机器人正常工作的良好习惯。

ABB 工业机器人数据备份的对象是所有正在系统内存运行的 RAPID 程序和系统参数。当工业机器人系统出现错乱或者重新安装新系统以后，可以通过备份快速地把工业机器人恢复到备份时的状态。具体操作如下：

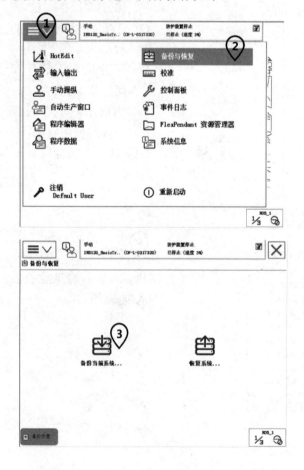

① 单击左上角主菜单按钮。

② 选择"备份与恢复"。

③ 单击"备份当前系统…"。

④ 单击"ABC..."按钮，进行存放备份数据目录名称的设定。

⑤ 单击"..."按钮，选择备份存放的位置（工业机器人硬盘或USB存储设备）。

⑥ 单击"备份"，进行备份的操作。

⑦ 等待备份的完成。

2. 对 ABB 工业机器人数据进行恢复的操作

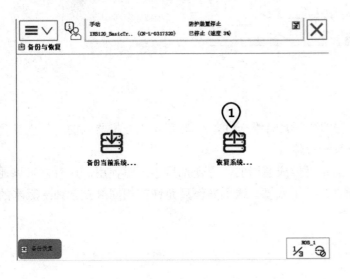

① 单击"恢复系统..."

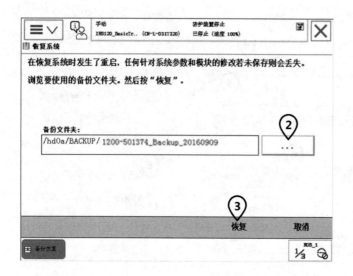

②单击"…",选择备份存放的目录。

③单击"恢复"。

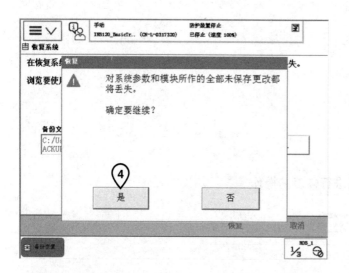

④单击"是"。

在进行恢复时,要注意:备份的数据具有唯一性,不能将A工业机器人的备份恢复到B工业机器人中去,否则会造成系统故障。

但是,也常会将程序和I/O的定义做成通用的,方便批量生产时使用。这时,可以通过分别导入程序和EIO文件来解决实际的需要。这个操作只允许在相同RobotWare版本的工业机器人之间进行。

3. 单独导入程序的操作

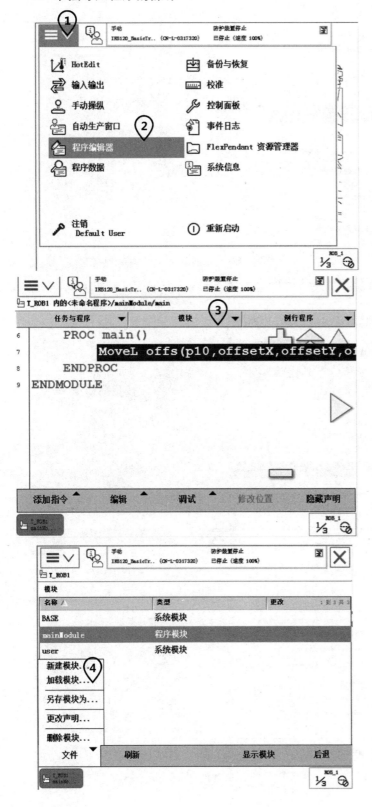

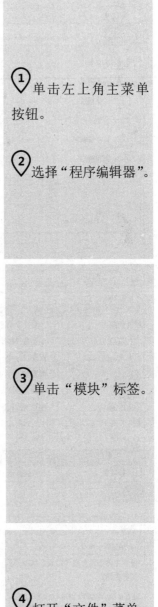

① 单击左上角主菜单按钮。

② 选择"程序编辑器"。

③ 单击"模块"标签。

④ 打开"文件"菜单，单击"加载模块..."，从"备份目录/RAPID"路径下加载所需要的程序模块。

4. 单独导入 EIO 文件的操作

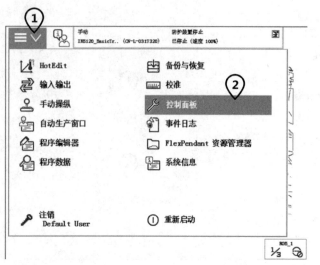

① 单击左上角主菜单按钮。

② 选择"控制面板"。

③ 选择"配置"。

④ 打开"文件"菜单，单击"加载参数..."。

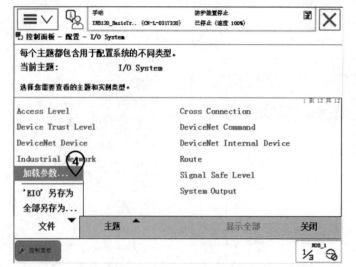

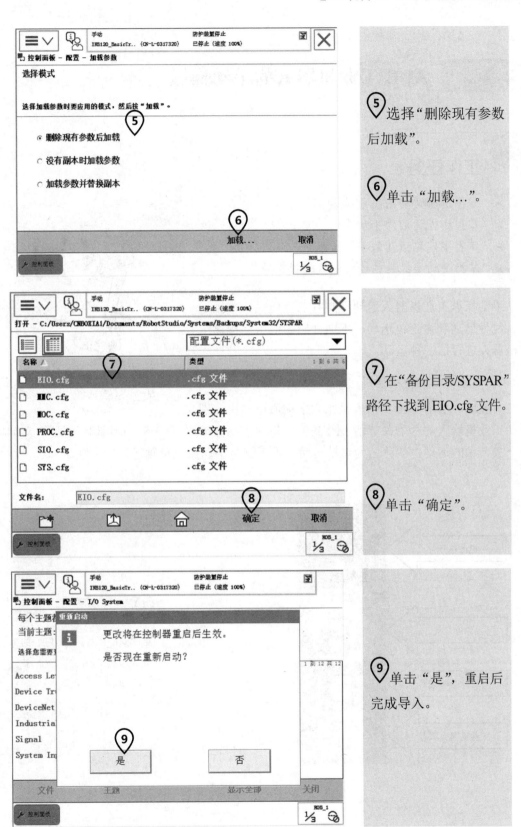

⑤　选择"删除现有参数后加载"。

⑥　单击"加载..."。

⑦　在"备份目录/SYSPAR"路径下找到 EIO.cfg 文件。

⑧　单击"确定"。

⑨　单击"是",重启后完成导入。

任务 3-4 ABB 工业机器人的手动操纵

工作任务

➤ 掌握单轴运动的手动操纵
➤ 掌握线性运动的手动操纵
➤ 掌握重定位运动的手动操纵
➤ 掌握手动操纵的快捷按钮和快捷菜单

手动操纵工业机器人运动一共有三种模式：单轴运动、线性运动和重定位运动。下面介绍如何手动操纵工业机器人进行这三种运动。

1. 单轴运动的手动操纵

一般地，ABB 工业机器人是由六个伺服电动机分别驱动工业机器人的六个关节轴（图 3-9），每次手动操纵一个关节轴的运动，就称之为单轴运动。以下就是手动操纵单轴运动的方法。

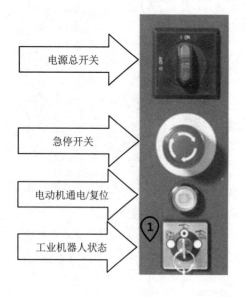

图 3-9 工业机器人的六个关节轴

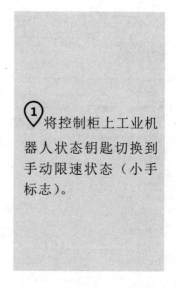

① 将控制柜上工业机器人状态钥匙切换到手动限速状态（小手标志）。

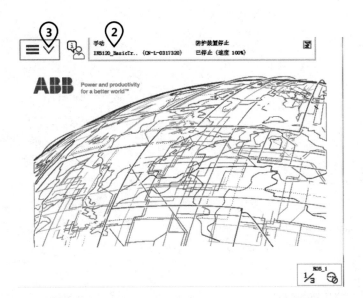

② 在状态栏中，确认工业机器人的状态已切换为"手动"。

③ 单击左上角主菜单按钮。

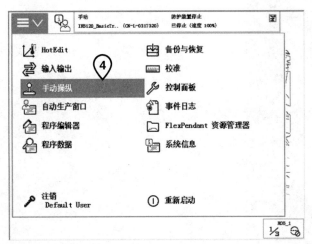

④ 选择"手动操纵"。

⑤ 单击"动作模式"。

⑥ 选中"轴 1-3",然后单击"确定"。

✎ 选中"轴 4-6",就可以操纵轴 4~6。

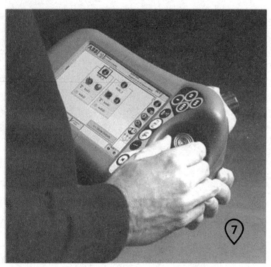

⑦ 用左手按下使能器按钮,进入"电机开启"状态。

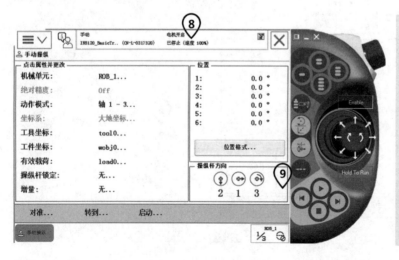

⑧ 在状态栏中,确认"电机开启"状态。

⑨ 显示"轴 1-3"的操纵杆方向。箭头代表正方向。

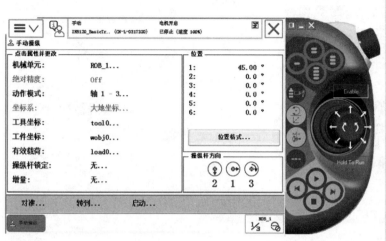

操纵杆的使用技巧：可以将工业机器人的操纵杆比作汽车的节气门，操纵杆的操纵幅度是与工业机器人的运动速度相关的。操纵幅度较小，则工业机器人运动速度较慢；操纵幅度较大，则工业机器人运动速度较快。所以读者在操作时，应尽量以小幅度操纵，使工业机器人慢慢运动来开始手动操纵学习。

2. 线性运动的手动操纵

工业机器人的线性运动是指安装在工业机器人第六轴法兰盘上工具的 TCP 在空间中做线性运动。以下就是手动操纵线性运动的方法。

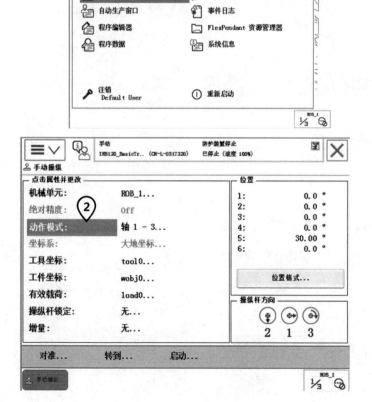

① 选择"手动操纵"。

② 单击"动作模式"。

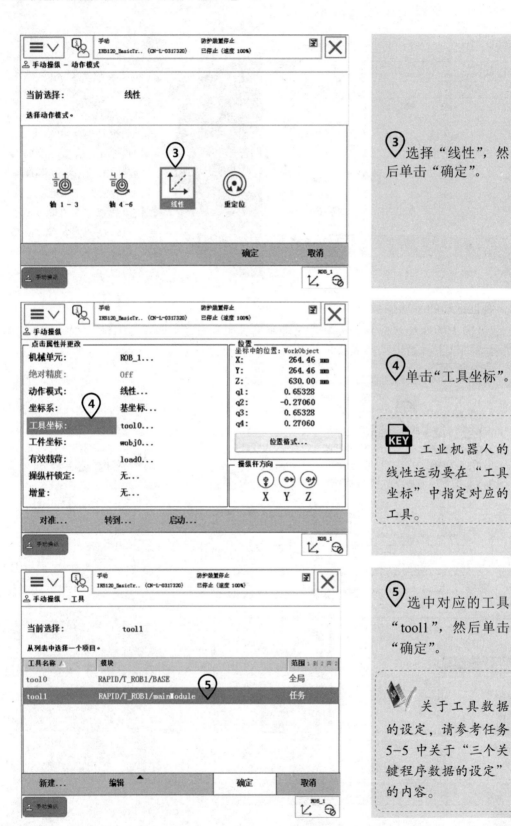

③ 选择"线性",然后单击"确定"。

④ 单击"工具坐标"。

KEY 工业机器人的线性运动要在"工具坐标"中指定对应的工具。

⑤ 选中对应的工具"tool1",然后单击"确定"。

关于工具数据的设定,请参考任务 5-5 中关于"三个关键程序数据的设定"的内容。

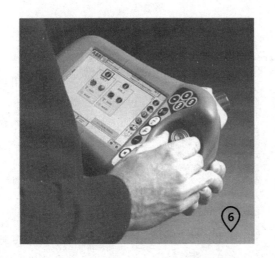

⑥ 用左手按下使能器按钮，进入"电机开启"状态。

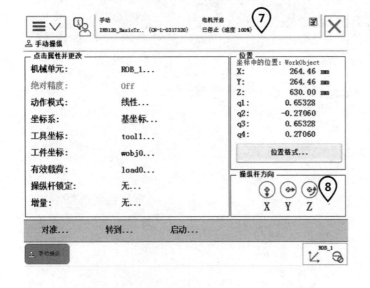

⑦ 在状态中，确认"电机开启"状态。

⑧ 显示轴 X、Y、Z 的操纵杆方向。箭头代表正方向。

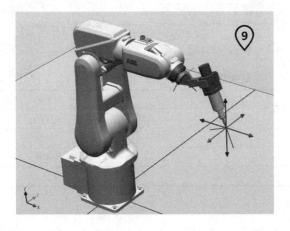

⑨ 操作示教器上的操纵杆，工具的 TCP 在空间中做线性运动。

增量模式的使用：

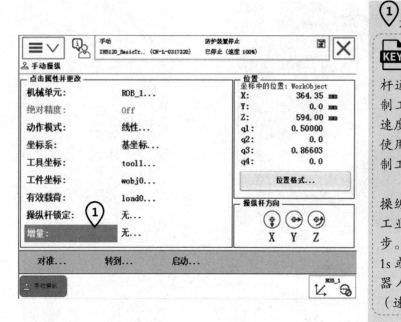

① 选中"增量"。

KEY 如果对使用操纵杆通过位移幅度来控制工业机器人运动的速度不熟练,那么可以使用"增量"模式来控制工业机器人的运动。

在增量模式下,操纵杆每位移一次,工业机器人就移动一步。如果操纵杆持续1s或数秒钟,工业机器人就会持续移动(速率为10步/s)。

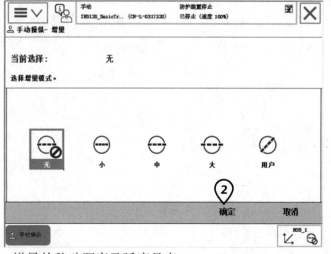

② 根据需要选择增量的移动距离,然后单击"确定"。

增量的移动距离及弧度见表3-1。

表3-1 增量的移动距离及弧度

增 量	移动距离/mm	弧度/rad
小	0.05	0.0005
中	1	0.004
大	5	0.009
用户	自定义	自定义

3. 重定位运动的手动操纵

工业机器人的重定位运动是指工业机器人第六轴法兰盘上的工具 TCP 在空间中绕着坐标轴旋转的运动,也可以理解为工业机器人绕着工具 TCP 做姿态调整的运动。以下就是手动操纵重定位运动的方法。

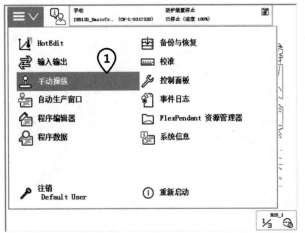

① 选择"手动操纵"。

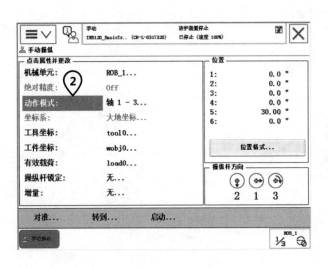

② 单击"动作模式"。

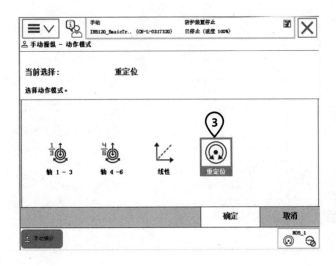

③ 选择"重定位",然后单击"确定"。

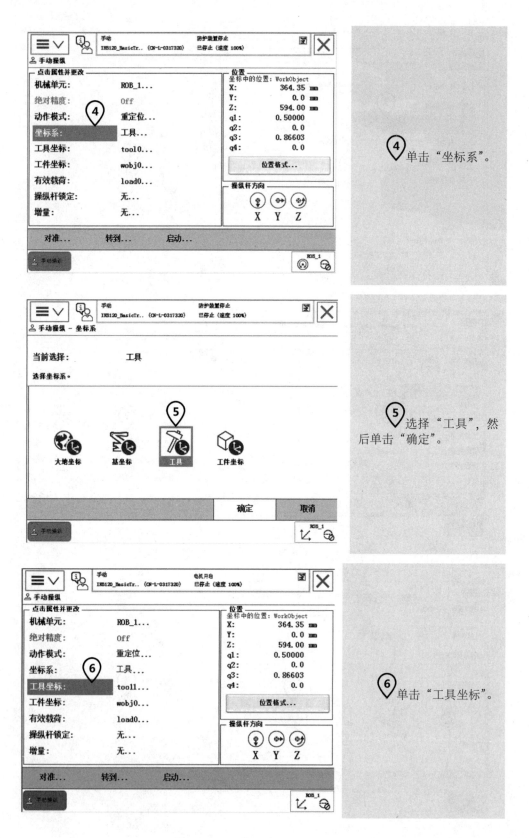

④ 单击"坐标系"。

⑤ 选择"工具",然后单击"确定"。

⑥ 单击"工具坐标"。

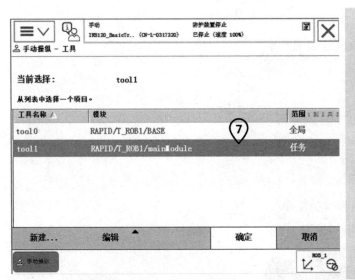

⑦ 选中对应的工具 "tool1"。

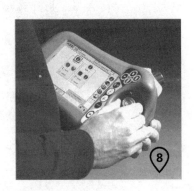

⑧ 用左手按下使能器按钮，进入"电机开启"状态。

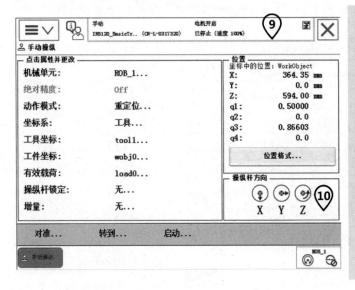

⑨ 在状态栏中，确认电机处于开启状态。

⑩ 显示轴 X、Y、Z 的操纵杆方向。箭头代表正方向。

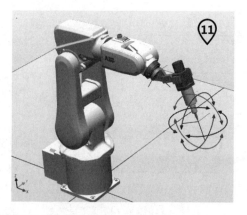

⑪ 操作示教器上的操纵杆，工业机器人绕着工具TCP做姿态调整的运动。

4. 手动操纵的快捷按钮和快捷菜单

（1）手动操纵的快捷按钮　见图3-10。

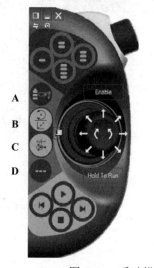

A　工业机器人/外轴的切换
B　线性运动/重定位运动的切换
C　关节运动轴 1～3/轴4～6 的切换
D　增量开/关

图3-10　手动操纵的快捷按钮

（2）手动操纵的快捷菜单

① 单击右下角的快捷菜单按钮。

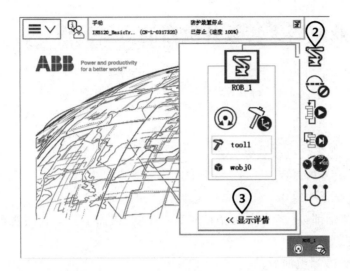

② 单击手动操纵按钮。

③ 单击"显示详情"按钮。

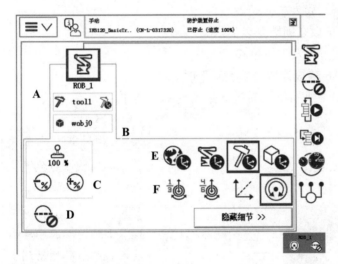

A 选择当前使用的工具数据

B 选择当前使用的工件坐标

C 操纵杆速率

D 增量开/关

E 坐标系选择

F 动作模式选择

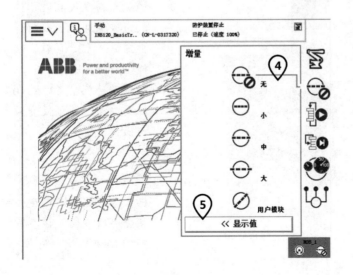

④ 单击增量模式按钮，选择需要的增量。

⑤ 自定义增量值的方法：选择"用户模块"，然后单击"显示值"，即可进行增量值的自定义。

任务 3-5　ABB 工业机器人转数计数器的更新操作

工作任务

➢ 掌握 IRB 1200 工业机器人机械原点的位置
➢ 掌握需要更新转数计数器的原因
➢ 掌握进行更新转数计数器的操作

　　ABB 工业机器人六个关节轴都有一个机械原点的位置。在以下的情况下，需要对机械原点的位置进行转数计数器更新操作。

1）更换伺服电动机转数计数器电池后。
2）当转数计数器发生故障，修复后。
3）转数计数器与 SMB 测量板之间断开以后。
4）断电后，工业机器人关节轴发生了位移。
5）当系统报警提示"10036 转数计数器未更新"时。

以下是进行 ABB IRB 1200 工业机器人转数计数器更新的操作。

① 工业机器人六个关节轴的机械原点刻度位置示意图。

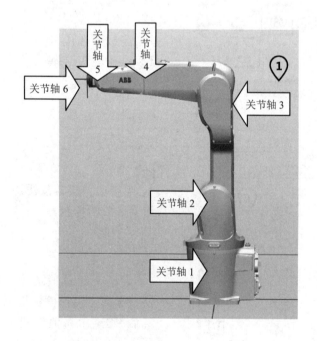

KEY 手动操纵使工业机器人各关节轴运动到机械原点刻度位置时，建议先操纵 4、5、6 轴，再操纵 1、2、3 轴，这样可以避免若 1、2、3 回到原点后，4、5、6 位置过高，不方便查看与操作。

　　各个型号的工业机器人机械原点刻度位置会有所不同，请参考 ABB 随机光盘说明书。

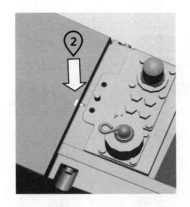

② 在手动操纵菜单中，动作模式选择"轴4-6"，将关节轴4运动到机械原点的刻度位置。

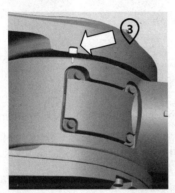

③ 在手动操纵菜单中，动作模式选择"轴4-6"，将关节轴5运动到机械原点的刻度位置。

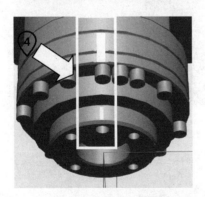

④ 在手动操纵菜单中，动作模式选择"轴4-6"，将关节轴6运动到机械原点的刻度位置。

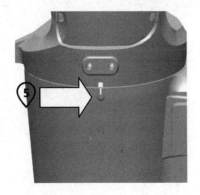

⑤ 在手动操纵菜单中，动作模式选择"轴1-3"，将关节轴1运动到机械原点的刻度位置。

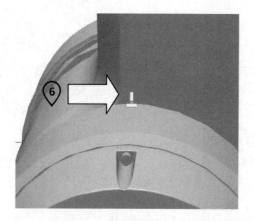

⑥ 在手动操纵菜单中,动作模式选择"轴1-3",将关节轴2运动到机械原点的刻度位置。

⑦ 在手动操纵菜单中,动作模式选择"轴1-3",将关节轴3运动到机械原点的刻度位置。

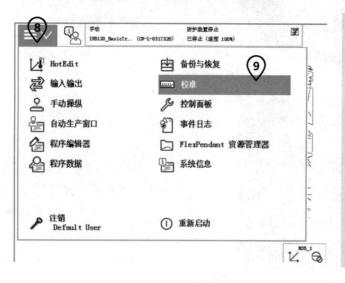

⑧ 单击左上角主菜单。

⑨ 选择"校准"。

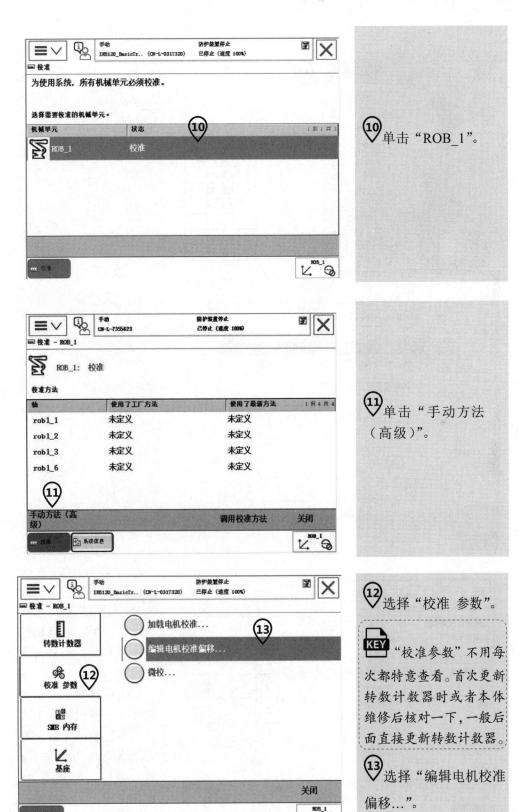

⑩ 单击 "ROB_1"。

⑪ 单击 "手动方法（高级）"。

⑫ 选择 "校准 参数"。

KEY "校准参数"不用每次都特意查看。首次更新转数计数器时或者本体维修后核对一下，一般后面直接更新转数计数器。

⑬ 选择 "编辑电机校准偏移..."。

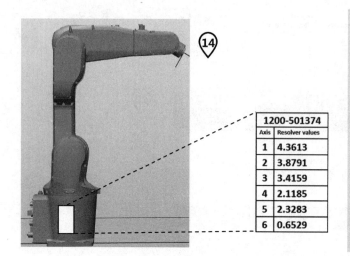

1200-501374	
Axis	**Resolver values**
1	4.3613
2	3.8791
3	3.4159
4	2.1185
5	2.3283
6	0.6529

⑭ 将工业机器人本体上电动机校准偏移记录下来。

⑮ 单击"是"。

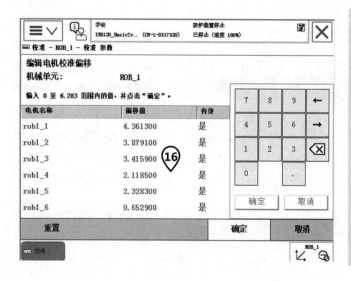

⑯ 输入刚才从工业机器人本体记录的电机校准偏移数据,然后单击"确定"。

如果示教器中显示的数值与工业机器人本体上的标签数值一致,则无须修改,直接单击"取消"退出,跳到第 19 步。

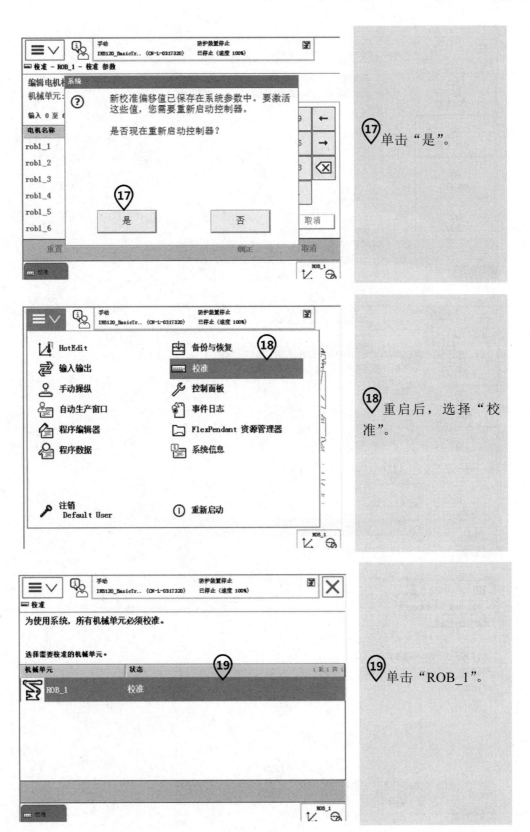

⑰单击"是"。

⑱重启后，选择"校准"。

⑲单击"ROB_1"。

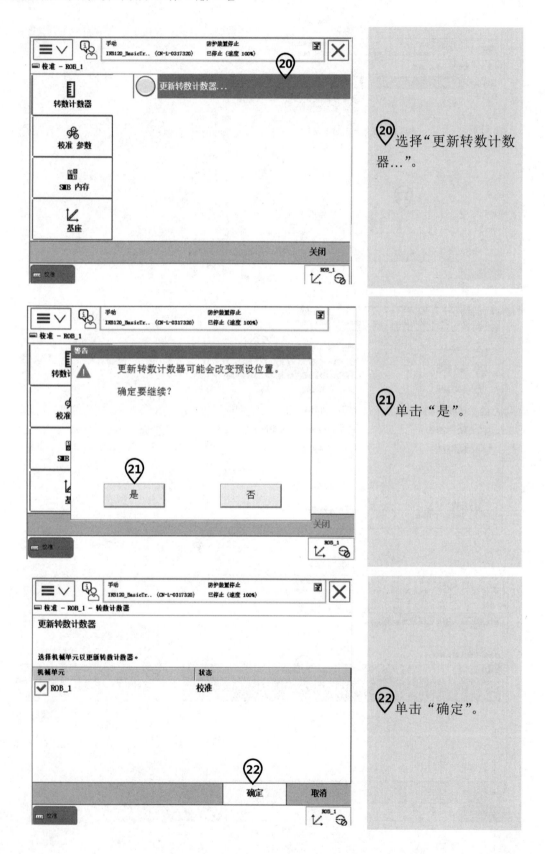

⑳ 选择"更新转数计数
器…"。

㉑ 单击"是"。

㉒ 单击"确定"。

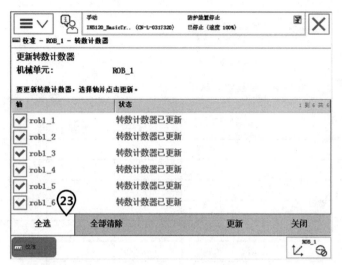

㉓ 单击"全选",然后单击"更新"。

KEY　如果工业机器人由于安装位置的关系,无法六个轴同时到达机械原点刻度位置,则可以逐一对关节轴进行转数计数器更新。

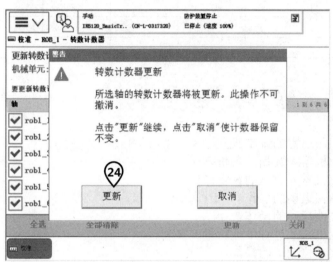

㉔ 单击"更新"。

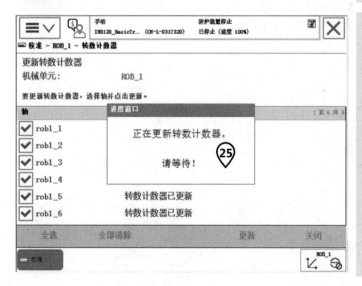

㉕ 操作完成后,转数计数器更新完成。

学 习 测 评

自我学习测评见表 3-2。

表 3-2　自我学习测评

要　　求	自 我 评 价			备　注
	掌握	知道	再学	
掌握示教器的使用姿势				
设置示教器的时间及语言				
掌握工业机器人数据的备份与恢复方法				
掌握单轴运动模式				
掌握线性运动模式				
掌握增量模式的使用				
掌握重定位运动模式				
掌握快捷键的操作				
掌握转数计数器更新的操作				

练 习 题

1. 请在示教器里进行时间与语言的设定。
2. 请在示教器里进行工业机器人数据的备份操作。
3. 请在示教器里进行工业机器人数据的恢复操作。
4. 请用合适的速度进行单轴运动的操作。
5. 请用合适的速度进行线性运动的操作。
6. 尝试用增量模式对工业机器人进行线性微量的移动。
7. 请用合适的速度进行重定位运动的操作。
8. 请描述手动操纵快捷菜单的主要功能。
9. 对工业机器人进行一次转数计数器更新的操作。

项目 4　ABB 工业机器人的 I/O 通信

任务目标

- ➤ 了解 ABB 工业机器人的通信种类
- ➤ 了解几款常用 ABB 标准 I/O 板
- ➤ 学会 DSQC 651 板的配置方法
- ➤ 学会 I/O 信号的监控与操作
- ➤ 学会 PROFINET 通信的配置
- ➤ 学会系统输入/输出的使用
- ➤ 学会示教器可编程快捷键的使用
- ➤ 学会安全控制回路的设置

任务描述

　　I/O 是 Input/Output 的缩写，即输入/输出端口，工业机器人可通过 I/O 与外部设备进行交互，例如：

　　1）数字量输入：各种开关信号反馈，如按钮开关、转换开关、接近开关等；传感器信号反馈，如光电传感器、光纤传感器；接触器、继电器触点信号反馈；还有触摸屏里的开关信号反馈。

　　2）数字量输出：控制各种继电器线圈，如接触器、继电器、电磁阀；控制各种指示类信号，如指示灯、蜂鸣器。

　　ABB 工业机器人标准 I/O 板的输入/输出都是 PNP 类型。

　　通过本项目的学习，读者可以认识 ABB 工业机器人常用的标准 I/O 板，学会信号的配置方法及监控与操作的方式，掌握 PROFINET 总线配置方法，以及学会系统输入/输出和可编程按键的使用、安全控制回路的设置。

任务 4-1 认识 ABB 工业机器人 I/O 通信的种类

工作任务

➤ 了解三种主要的通信方式

➤ 掌握现场总线通信模块的选项及接口

ABB 工业机器人提供了丰富的 I/O 通信接口，如 ABB 的标准通信、与 PLC 的现场总线通信、与 PC 的数据通信，如图 4-1 所示，可以轻松地实现与周边设备的通信。

ABB 工业机器人标准 I/O 板提供的常用信号处理有数字量输入、数字量输出、组输入、组输出、模拟量输入、模拟量输出。

ABB 工业机器人可以选配标准 ABB 的 PLC，省去了与外部 PLC 进行通信设置的麻烦，并且在工业机器人的示教器上就能实现与 PLC 的相关操作。

在本项目中，以最常用的 ABB 标准 I/O 板 DSQC 651 和 PROFIBUS-DP 为例，对如何进行相关参数设定进行详细的讲解。

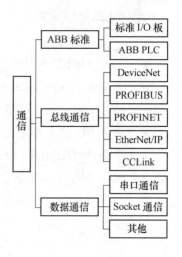

图 4-1 ABB 工业机器人 I/O 通信接口

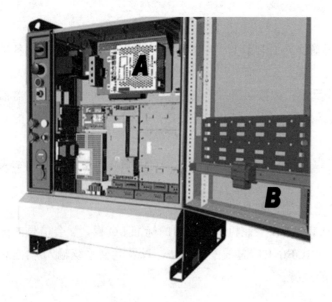

A 主计算机单元。

B ABB 标准 I/O 板一般安装位置。

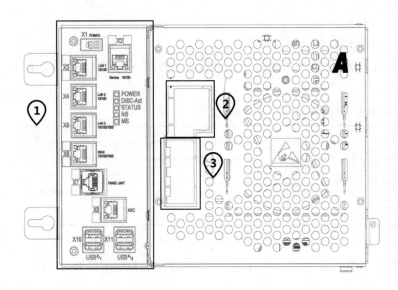

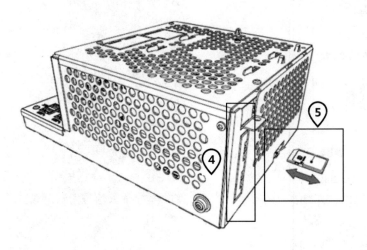

① X1：电源。

X2：服务端口（连接 PC）。

X3：LAN1（连接 Flex-Pendant）。

X4：LAN2（连接基于以太网的选件）。

X5：LAN3（连接基于以太网的选件）。

X6：WAN（接入工厂WAN）。

X7：面板。

X9：轴计算机。

X10：USB 端口。

X11：USB 端口。

KEY WAN 接口需要选择选项"PC INTER FACE"才可以使用。

② RS 232 串口及调试端口（选件）。

③ 工业通信总线接口（选件），只支持从站功能，如 DeviceNet、PROFIBUS、PROFINET、EtherNet IP 等。

KEY 使用何种现场总线，要根据需要进行选配。

④ 标配 DeviceNet 总线板，可替换为 PROFIBUS 总线板。

KEY 如果使用 ABB 标准 I/O 板，就必须有 DeviceNet 的总线。

⑤ 存储插槽及 SD 存储卡，标配为 2GB。

任务 4-2 认识常用 ABB 标准 I/O 板

工作任务

➢ 了解 ABB 标准 I/O 板的种类

➢ 掌握 ABB 标准 I/O 板的接口定义

本任务将学习表 4-1 中常用的 ABB 标准 I/O 板（具体规格参数以 ABB 官方最新公布为准，网址 www.abb.com.cn）。

表 4-1　常用的 ABB 标准 I/O 板说明

型　　号	说　　明
DSQC 651	分布式 I/O 模块 di8\do8\ao2
DSQC 652	分布式 I/O 模块 di16\do16
DSQC 653	分布式 I/O 模块 di8\do8 带继电器
DSQC 355A	分布式 I/O 模块 ai4\ao4
DSQC 377A	输送链跟踪单元

1. ABB 标准 I/O 板 DSQC 651

DSQC 651 板主要用于 8 个数字输入信号、8 个数字输出信号和 2 个模拟输出信号的处理。

（1）模块接口说明

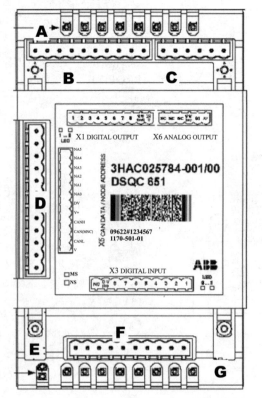

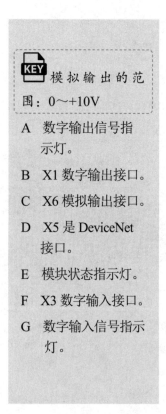

KEY 模拟输出的范围：0～+10V

A　数字输出信号指示灯。

B　X1 数字输出接口。

C　X6 模拟输出接口。

D　X5 是 DeviceNet 接口。

E　模块状态指示灯。

F　X3 数字输入接口。

G　数字输入信号指示灯。

（2）模块接口连接说明

1）X1 端子见表 4-2。

表 4-2　X1 端子（DSQC 651）

X1 端子编号	使 用 定 义	地 址 分 配
1	OUTPUT CH1	32
2	OUTPUT CH2	33
3	OUTPUT CH3	34
4	OUTPUT CH4	35
5	OUTPUT CH5	36
6	OUTPUT CH6	37
7	OUTPUT CH7	38
8	OUTPUT CH8	39
9	0V	
10	24V	

2）X3 端子见表 4-3。

表 4-3　X3 端子（DSQC 651）

X3 端子编号	使 用 定 义	地 址 分 配
1	INPUT CH1	0
2	INPUT CH2	1
3	INPUT CH3	2
4	INPUT CH4	3
5	INPUT CH5	4
6	INPUT CH6	5
7	INPUT CH7	6
8	INPUT CH8	7
9	0V	
10	未使用	

3）X5 端子见表 4-4。

表 4-4　X5 端子（DSQC 651）

X5 端子编号	使 用 定 义
1	0V BLACK（黑色）
2	CAN 信号线 low BLUE（蓝色）
3	屏蔽线
4	CAN 信号线 high WHITE（白色）
5	24V RED（红色）
6	GND 地址选择公共端
7	模块 ID bit 0（LSB）
8	模块 ID bit 1（LSB）
9	模块 ID bit 2（LSB）
10	模块 ID bit 3（LSB）
11	模块 ID bit 4（LSB）
12	模块 ID bit 5（LSB）

ABB 标准 I/O 板是挂在 DeviceNet 网络上的，所以要设定模块在网络中的地址。端子 X5 的 6～12 的跳线用来决定模块的地址，地址可用范围为 10～63。

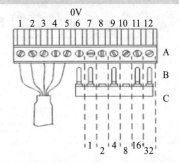

如上图，将第 8 脚和第 10 脚的跳线剪去，2+8=10 就可以获得 10 的地址。

X6 端子见表 4-5。

表 4-5 X6 端子（DSQC 651）

X6端子编号	使用定义	地址分配
1	未使用	—
2	未使用	—
3	未使用	—
4	0V	—
5	模拟输出 AO1	0～15
6	模拟输出 AO2	16～31

2. ABB 标准 I/O 板 DSQC 652

DSQC 652 板主要用于 16 个数字输入信号和 16 个数字输出信号的处理。

（1）模块接口说明

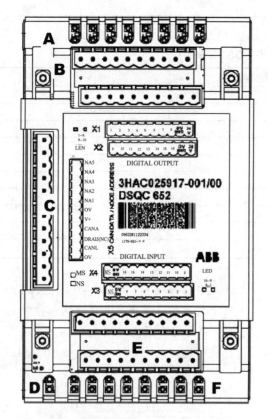

A 数字输出信号指示灯。

B X1、X2 数字输出接口。

C X5 是 DeviceNet接口。

D 模块状态指示灯。

E X3、X4 数字输入接口。

F 数字输入信号指示灯。

（2）模块接口连接说明

1）X1 端子见表 4-6。

表 4-6 X1 端子（DSQC 652）

X1端子编号	使用定义	地址分配
1	OUTPUT CH1	0
2	OUTPUT CH2	1
3	OUTPUT CH3	2

（续）

X1 端子编号	使 用 定 义	地 址 分 配
4	OUTPUT CH4	3
5	OUTPUT CH5	4
6	OUTPUT CH6	5
7	OUTPUT CH7	6
8	OUTPUT CH8	7
9	0V	
10	24V	

2）X2 端子见表 4-7。

表 4-7　X2 端子（DSQC 652）

X2 端子编号	使 用 定 义	地 址 分 配
1	OUTPUT CH9	8
2	OUTPUT CH10	9
3	OUTPUT CH11	10
4	OUTPUT CH12	11
5	OUTPUT CH13	12
6	OUTPUT CH14	13
7	OUTPUT CH15	14
8	OUTPUT CH16	15
9	0V	
10	24V	

3）X3 端子，参考表 4-3。

4）X4 端子见表 4-8。

表 4-8　X4 端子（DSQC 652）

X4 端子编号	使 用 定 义	地 址 分 配
1	INPUT CH9	8
2	INPUT CH10	9
3	INPUT CH11	10
4	INPUT CH12	11
5	INPUT CH13	12
6	INPUT CH14	13
7	INPUT CH15	14
8	INPUT CH16	15
9	0V	
10	未使用	

3. ABB 标准 I/O 板 DSQC 653

DSQC 653 板主要用于 8 个数字输入信号和 8 个数字继电器输出信号的处理。

（1）模块接口说明

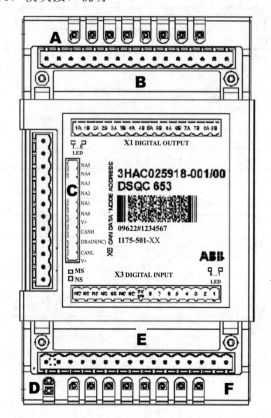

A 数字继电器输出信号指示灯。

B X1 数字继电器输出信号接口。

C X5 是 DeviceNet 接口。

D 模块状态指示灯。

E X3 数字输入信号接口。

F 数字输入信号指示灯。

（2）模块接口连接说明

1）X1 端子见表 4-9。

表 4-9 X1 端子（DSQC 653）

X1 端子编号	使 用 定 义	地 址 分 配
1	OUTPUT CH1A	0
2	OUTPUT CH1B	
3	OUTPUT CH2A	1
4	OUTPUT CH2B	
5	OUTPUT CH3A	2
6	OUTPUT CH3B	
7	OUTPUT CH4A	3
8	OUTPUT CH4B	
9	OUTPUT CH5A	4
10	OUTPUT CH5B	
11	OUTPUT CH6A	5
12	OUTPUT CH6B	
13	OUTPUT CH7A	6
14	OUTPUT CH7B	
15	OUTPUT CH8A	7
16	OUTPUT CH8B	

2）X3 端子见表 4-10。

表 4-10　X3 端子（DSQC 653）

X3 端子编号	使 用 定 义	地 址 分 配
1	INPUT CH1	0
2	INPUT CH2	1
3	INPUT CH3	2
4	INPUT CH4	3
5	INPUT CH5	4
6	INPUT CH6	5
7	INPUT CH7	6
8	INPUT CH8	7
9	0V	
10～16	未使用	

3）X5 端子，参考表 4-4。

4. ABB 标准 I/O 板 DSQC 355A

DSQC 355A 板主要用于 4 个模拟输入信号和 4 个模拟输出信号的处理。

（1）模块接口说明

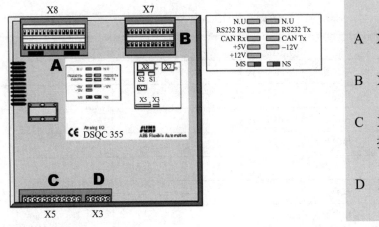

A　X8 模拟输入端口。

B　X7 模拟输出端口。

C　X5 是 DeviceNet 接口。

D　X3 是供电电源。

（2）模块接口连接说明

1）X3 端子见表 4-11。

表 4-11　X3 端子（DSQC 355A）

X3 端子编号	使 用 定 义
1	0V
2	未使用
3	接地
4	未使用
5	+24V

2）X5 端子，参考表 4-4。

3）X7 端子见表 4-12。

表 4-12　X7 端子（DSQC 355A）

X7 端子编号	使 用 定 义	地 址 分 配
1	模拟输出_1，–10 V/+10 V	0～15
2	模拟输出_2，–10 V/+10 V	16～31
3	模拟输出_3，–10 V/+10 V	32～47
4	模拟输出_4，4～20 mA	48～63
5～18	未使用	
19	模拟输出_1，0V	
20	模拟输出_2，0V	
21	模拟输出_3，0V	
22	模拟输出_4，0V	
23～24	未使用	

4）X8 端子见表 4-13。

表 4-13　X8 端子（DSQC 355A）

X8 端子编号	使 用 定 义	地 址 分 配
1	模拟输入_1，–10 V/+10 V	0～15
2	模拟输入_2，–10 V/+10 V	16～31
3	模拟输入_3，–10 V/+10 V	32～47
4	模拟输入_4，–10 V/+10 V	48～63
5～16	未使用	
17～24	+24V	
25	模拟输入_1，0 V	
26	模拟输入_2，0 V	
27	模拟输入_3，0 V	
28	模拟输入_4，0 V	
29～30	0V	

5. ABB 标准 I/O 板 DSQC 377A

DSQC 377A 板主要用于工业机器人输送链跟踪功能所需的编码器与同步开关信号的处理。

（1）模块接口说明

A　X20 是编码器与同步开关的端子。

B　X5 是 DeviceNet 接口。

C　X3 是供电电源。

（2）模块接口连接说明

1）X20 端子见表 4-14。

表 4-14　X20 端子（DSQC 377A）

X20 端子编号	使 用 定 义
1	24V
2	0V
3	编码器 1，24V
4	编码器 1，0V
5	编码器 1，A 相
6	编码器 1，B 相
7	数字输入信号 1，24V
8	数字输入信号 1，0V
9	数字输入信号 1，信号
10～16	未使用

2）X5 端子，参考表 4-4。

3）X3 端子，参考表 4-11。

 任务 4-3　**实战 ABB 标准 I/O 板——DSQC 651 板的配置**

工作任务

➢ 定义 DSQC 651 板的总线连接

➤ 定义数字输入信号 di1

➤ 定义数字输出信号 do1

➤ 定义组输入信号 gi1

➤ 定义组输出信号 go1

➤ 定义模拟输出信号 ao1

ABB 标准 I/O 板 DSQC 651 是最为常用的模块。下面以创建数字输入信号 di1、数字输出信号 do1、组输入信号 gi1、组输出信号 go1 和模拟输出信号 ao1 为例进行任务的实施。

1. 定义 DSQC 651 板的总线连接

ABB 标准 I/O 板是下挂在 DeviceNet 现场总线下的设备，通过 X5 端口与 DeviceNet 现场总线进行通信。

定义 DSQC 651 板的总线连接的相关参数说明见表 4-15。

表 4-15　定义 DSQC 651 板的总线连接的相关参数说明

参 数 名 称	设 定 值	说　　明
Name	board10	设定 I/O 板在系统中的名字
Network	DeviceNet	I/O 板连接的总线
Address	10	设定 I/O 板在总线中的地址

在系统中定义 DSQC 651 板的操作步骤如下：

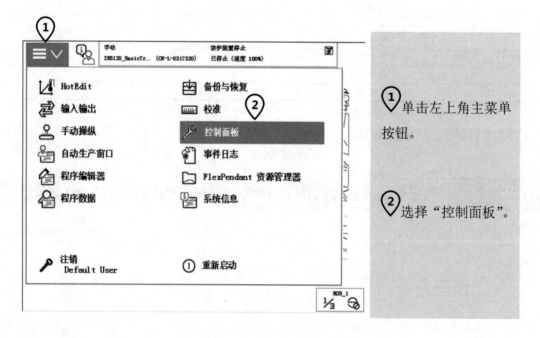

① 单击左上角主菜单按钮。

② 选择"控制面板"。

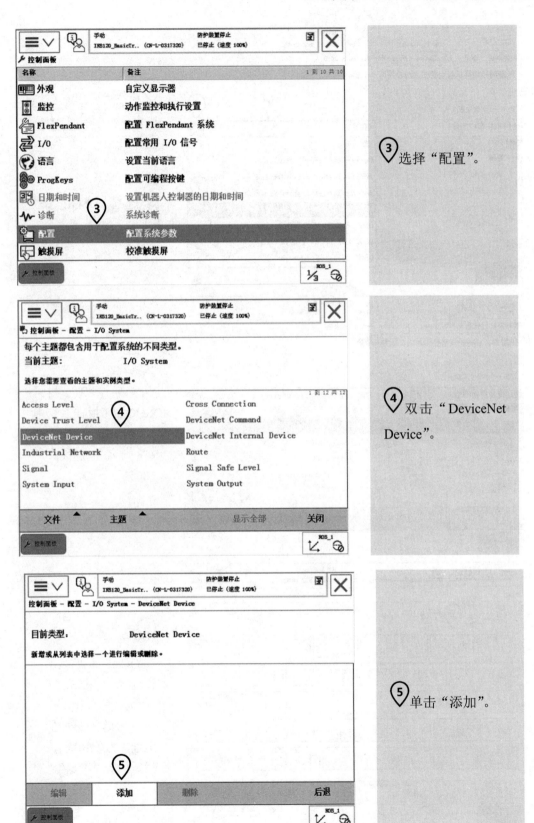

③ 选择"配置"。

④ 双击" DeviceNet Device"。

⑤ 单击"添加"。

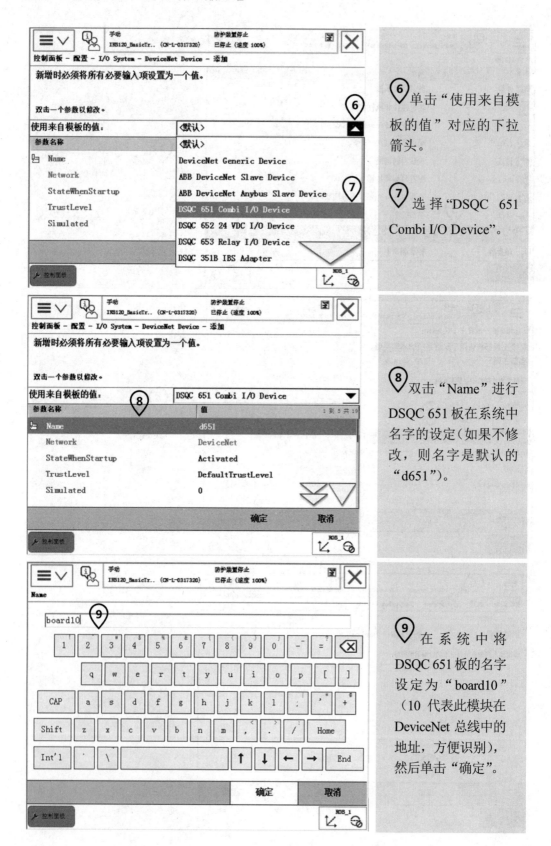

⑥ 单击"使用来自模板的值"对应的下拉箭头。

⑦ 选择"DSQC 651 Combi I/O Device"。

⑧ 双击"Name"进行 DSQC 651 板在系统中名字的设定（如果不修改，则名字是默认的"d651"）。

⑨ 在系统中将 DSQC 651 板的名字设定为"board10"（10 代表此模块在 DeviceNet 总线中的地址，方便识别），然后单击"确定"。

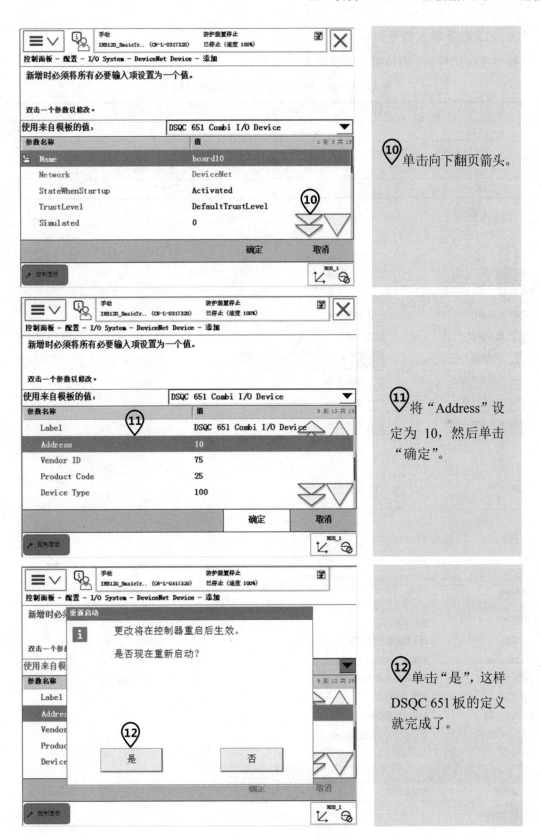

⑩ 单击向下翻页箭头。

⑪ 将 "Address" 设定为 10，然后单击 "确定"。

⑫ 单击 "是"，这样 DSQC 651 板的定义就完成了。

2. 定义数字输入信号 di1

数字输入信号 di1 的相关参数说明见表 4-16。

表 4-16 数字输入信号 di1 的相关参数说明

参 数 名 称	设 定 值	说 明
Name	di1	设定数字输入信号的名字
Type of Signal	Digital Input	设定信号的类型
Assigned to Device	board10	设定信号所在的 I/O 模块
Device Mapping	0	设定信号所占用的地址

其操作如下：

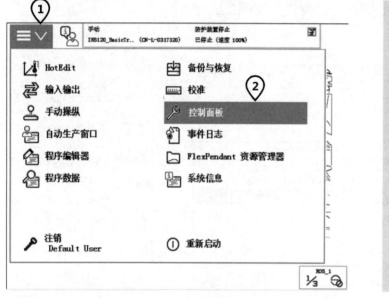

① 单击左上角主菜单按钮。

② 选择"控制面板"。

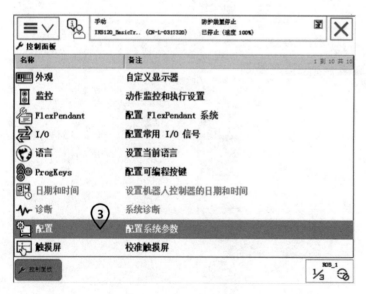

③ 选择"配置"。

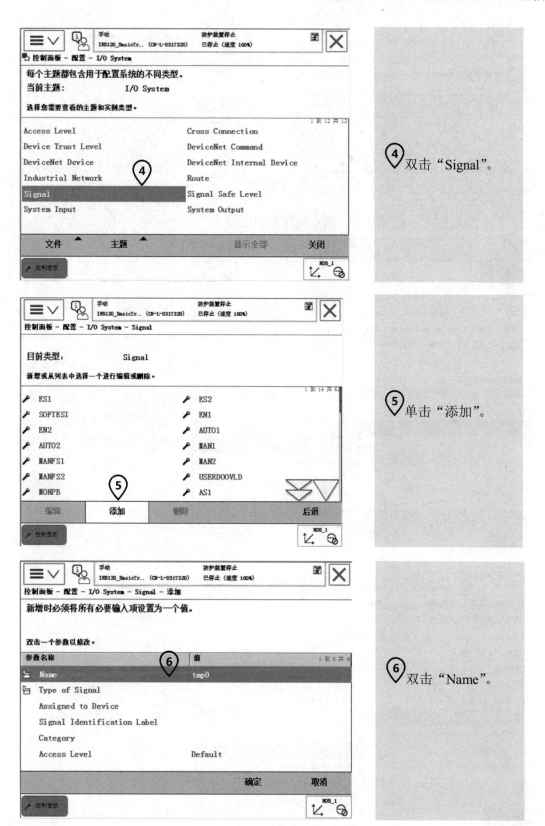

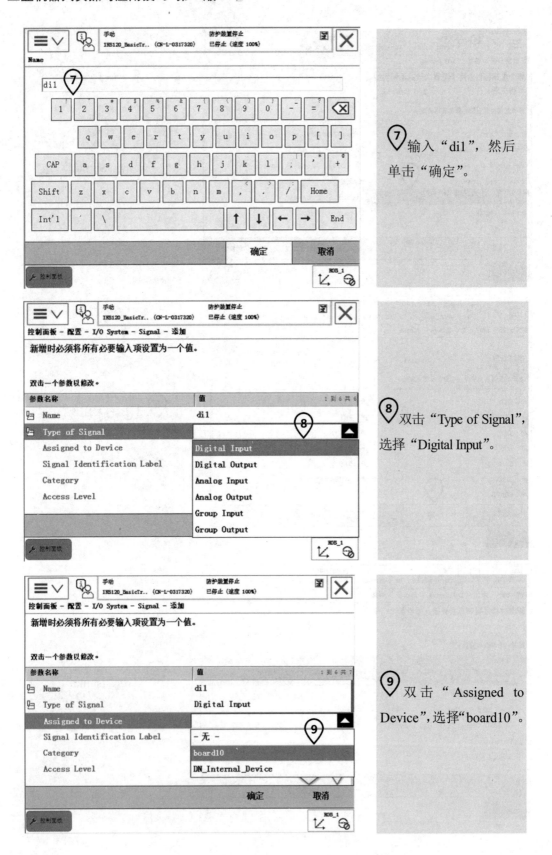

⑦ 输入"di1",然后单击"确定"。

⑧ 双击"Type of Signal",选择"Digital Input"。

⑨ 双击"Assigned to Device",选择"board10"。

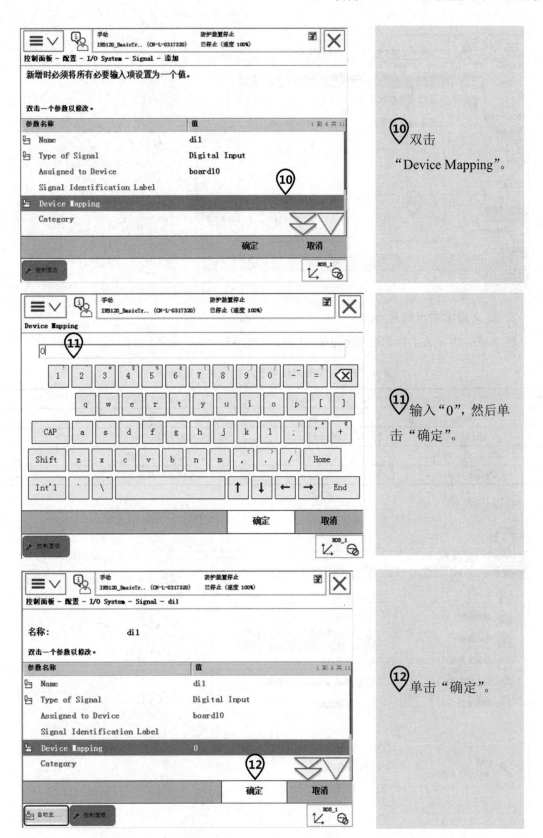

⑩双击
"Device Mapping"。

⑪输入"0",然后单击"确定"。

⑫单击"确定"。

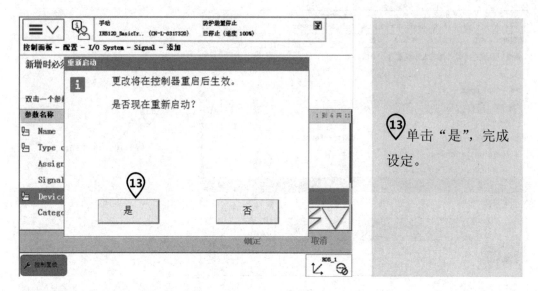

⑬单击"是",完成设定。

3. 定义数字输出信号 do1

数字输出信号 do1 的相关参数说明见表 4-17。

表 4-17　数字输出信号 do1 的相关参数说明

参 数 名 称	设 定 值	说　明
Name	do1	设定数字输出信号的名字
Type of Signal	Digital Output	设定信号的类型
Assigned to Device	board10	设定信号所在的 I/O 模块
Device Mapping	32	设定信号所占用的地址

其操作如下:

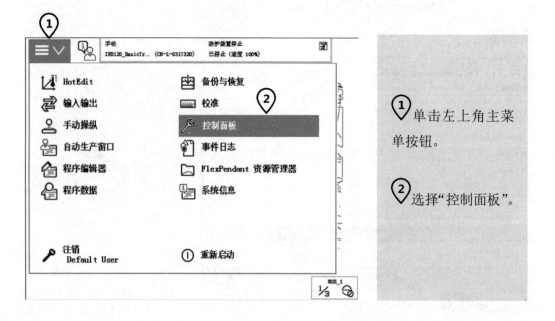

①单击左上角主菜单按钮。

②选择"控制面板"。

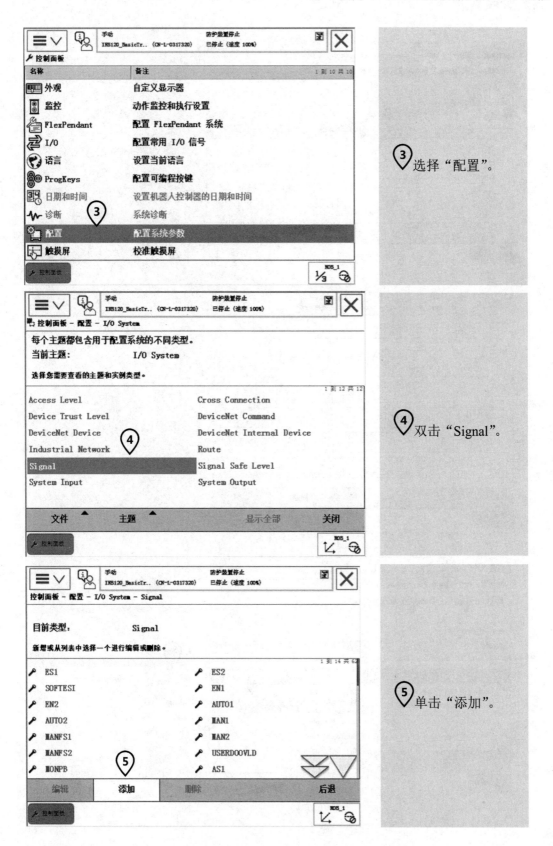

③ 选择"配置"。

④ 双击"Signal"。

⑤ 单击"添加"。

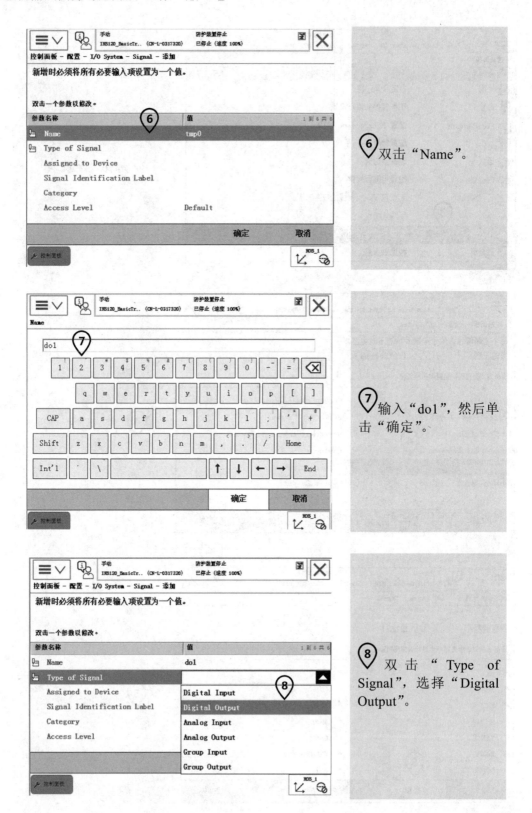

⑥双击"Name"。

⑦输入"do1",然后单击"确定"。

⑧双击"Type of Signal",选择"Digital Output"。

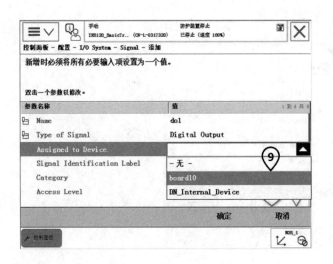

⑨ 双击"Assigned to Device",选择"board 10"。

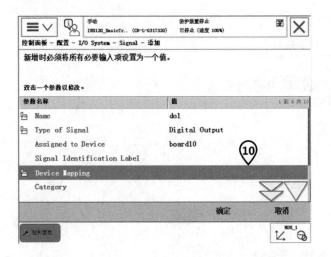

⑩ 双击"Device Mapping"。

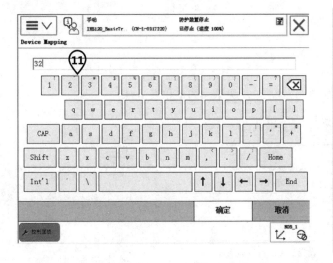

⑪ 输入"32",然后单击"确定"。

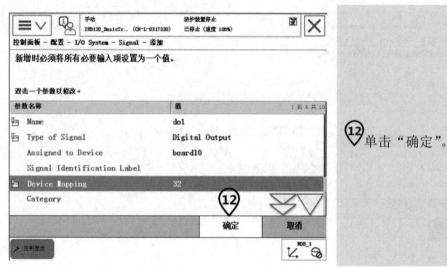

⑫ 单击"确定"。

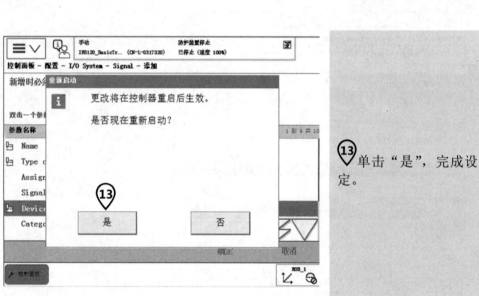

⑬ 单击"是",完成设定。

4. 定义组输入信号 gi1

组输入信号 gi1 的相关参数说明及状态,见表 4-18 和表 4-19。

表 4-18 组输入信号 gi1 的相关参数说明

参 数 名 称	设 定 值	说 明
Name	gi1	设定组输入信号的名字
Type of Signal	Group Input	设定信号的类型
Assigned to Device	board10	设定信号所在的 I/O 模块
Device Mapping	1~4	设定信号所占用的地址

KEY 组输入信号就是将几个数字输入信号组合起来使用,用于接收外围设备输入的 BCD 编码的十进制数。

表 4-19 组输入信号 gi1 的状态

状态	地址 1	地址 2	地址 3	地址 4	十进制数
	1	2	4	8	
状态 1	0	1	0	1	2+8=10
状态 2	1	0	1	1	1+4+8=13

此例中，gi1 占用地址 1～4 共 4 位，可以代表十进制数 0～15。如此类推，如果占用地址 5 位，可以代表十进制数 0～31。

其操作如下：

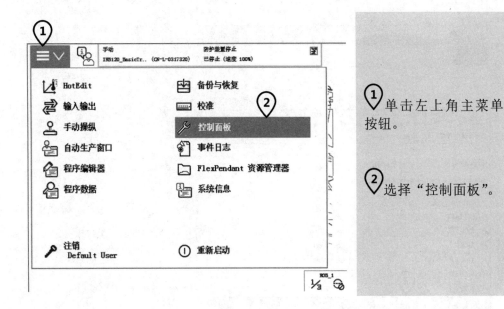

① 单击左上角主菜单按钮。

② 选择"控制面板"。

③ 选择"配置"。

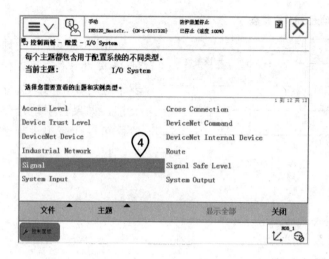

④双击"Signal"。

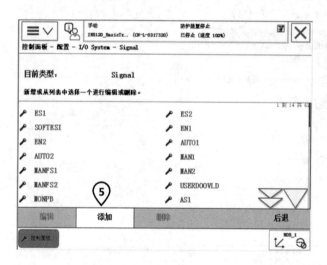

⑤单击"添加"。

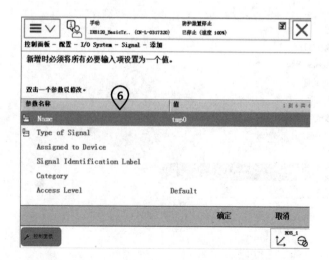

⑥双击"Name"。

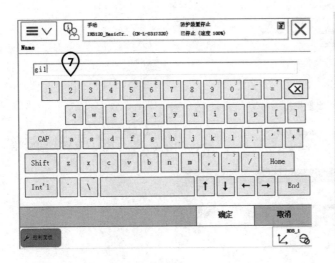

⑦ 输入 "gi1"，然后单击 "确定"。

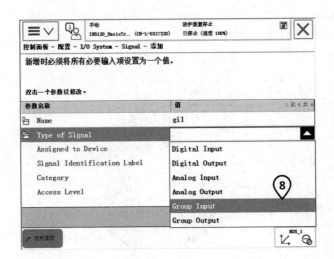

⑧ 双击 "Type of Signal"，选择 "Group Input"。

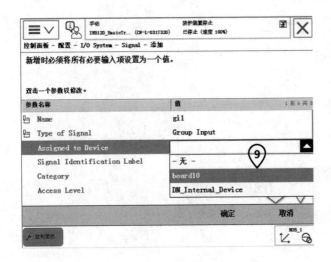

⑨ 双击 "Assigned to Device"，选择 "board 10"。

⑩ 双击"Device Mapping"。

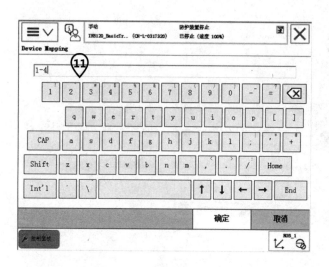

⑪ 输入"1-4",然后单击"确定"。

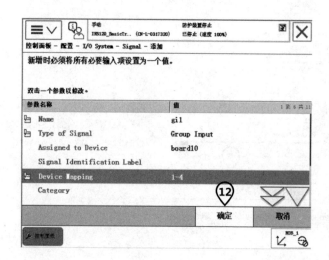

⑫ 单击"确定"。

⑬ 单击"是",完成设定。

5. 定义组输出信号 go1

组输出信号 go1 的相关参数说明及状态,见表 4-20 和表 4-21。

表 4-20　组输出信号 go1 的相关参数说明

参 数 名 称	设 定 值	说 明
Name	go1	设定组输出信号的名字
Type of Signal	Group Output	设定信号的类型
Assigned to Device	board10	设定信号所在的 I/O 模块
Device Mapping	33-36	设定信号所占用的地址

表 4-21　组输出信号 go1 的状态

状态	地址 33	地址 34	地址 35	地址 36	十进制数
	1	2	4	8	
状态 1	0	1	0	1	2+8=10
状态 2	1	0	1	1	1+4+8=13

KEY　组输出信号就是将几个数字输出信号组合起来使用,用于输出 BCD 编码的十进制数。

此例中,go1 占用地址 33~36 共 4 位,可以代表十进制数 0~15。如此类推,如果占用地址 5 位,可以代表十进制数 0~31。

其操作如下:

① 单击左上角主菜单按钮。

② 选择"控制面板"。

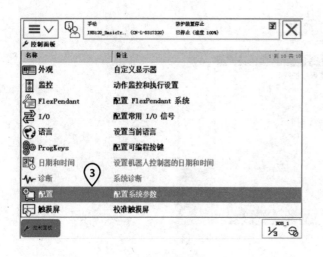

③选择"配置"。

④双击"Signal"。

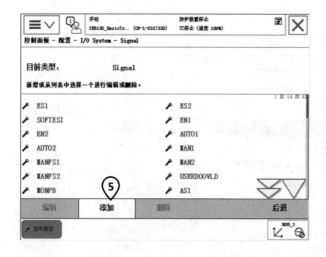

⑤单击"添加"。

⑥双击 "Name"。

⑦输入 "go1"，然后单击 "确定"。

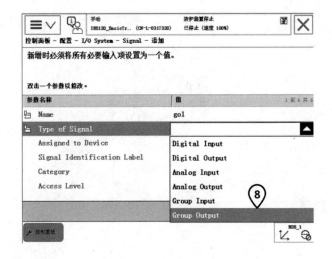

⑧双击 "Type of Signal"，选择 "Group Output"。

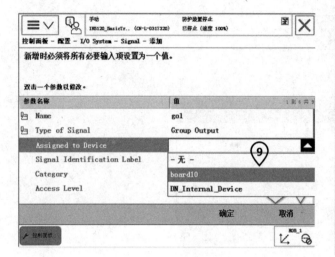

⑨ 双击" Assigned to Device"，选择"board 10"。

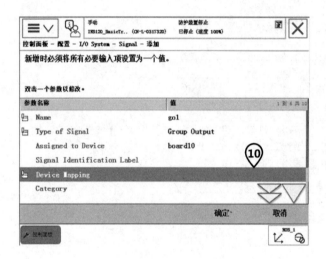

⑩ 双击"Device Mapping"。

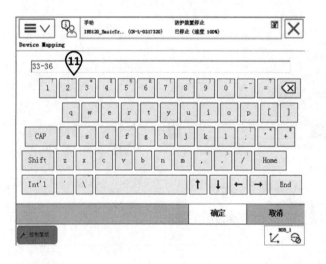

⑪ 输入"33-36"，然后单击"确定"。

90

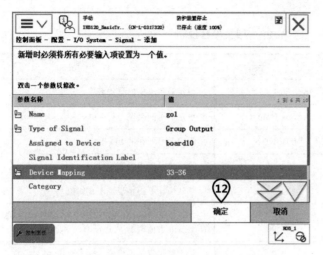

⑫单击"确定"。

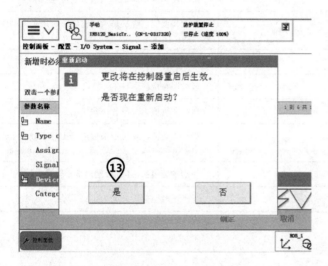

⑬单击"是",完成设定。

6. 定义模拟输出信号 ao1

模拟输出信号常应用于控制焊接电源电压。这里以创建焊接电源输出电压与工业机器人输出电压的线性关系（图 4-2）为例，定义模拟输出信号 ao1，相关参数说明见表 4-22。

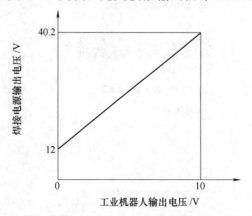

图 4-2　焊接电源输出电压与工业机器人输出电压的线性关系

表 4-22 相关参数说明

参 数 名 称	设 定 值	说　　明
Name	ao1	设定模拟输出信号的名字
Type of Signal	Analog Output	设定信号的类型
Assigned to Device	board10	设定信号所在的 I/O 模块
Device Mapping	0~15	设定信号所占用的地址
Default Value	12	默认值，不得小于最小逻辑值
Analog Encoding Type	Unsigned	Two complement 数值范围为 −32768~+32767；Unsigned 数值范围 从 0 开始，无负数
Maximum Logical Value	40.2	最大逻辑值，焊机最大输出电压 40.2V
Maximum Physical Value	10	最大物理值，焊机最大输出电压时所对应 I/O 板的最大输出电压值
Maximum Physical Value Limit	10	最大物理限值，I/O 板端口最大输出电压值
Maximum Bit Value	65535	最大逻辑位值，16 位
Minimum Logical Value	12	最小逻辑值，焊机最小输出电压 12V
Minimum Physical Value	0	最小物理值，焊机最小输出电压时所对应 I/O 板的最小输出电压值
Minimum Physical Value Limit	0	最小物理限值，I/O 板端口最小输出电压
Minimum Bit Value	0	最小逻辑位值

其操作如下：

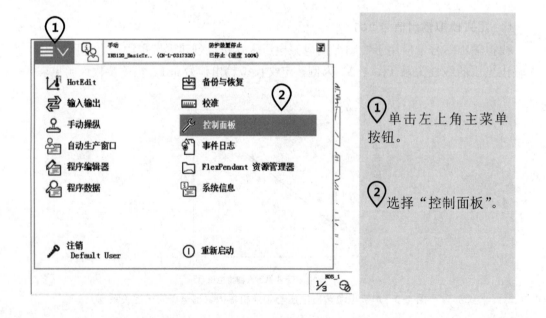

① 单击左上角主菜单按钮。

② 选择"控制面板"。

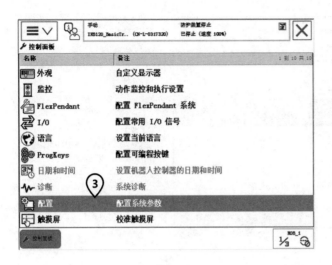

③ 选择"配置"。

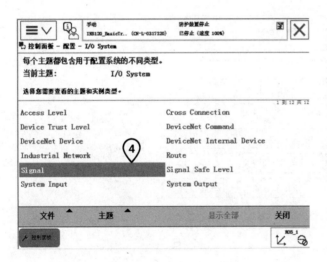

④ 双击"Signal"。

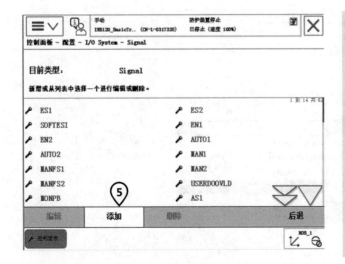

⑤ 单击"添加"。

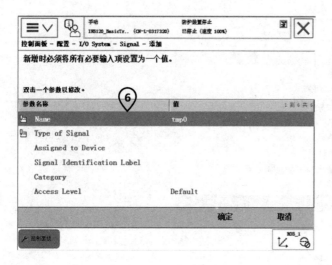

⑥双击"Name"。

⑦输入"ao1",然后单击"确定"。

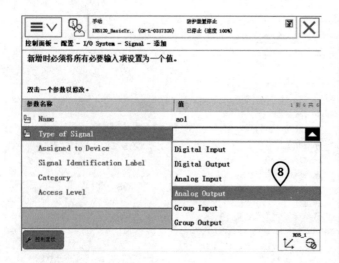

⑧ 双击"Type of Signal",选择"Analog Output"。

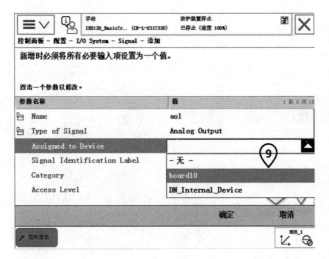

⑨ 双击 "Assigned to Device"，选择 "board10"。

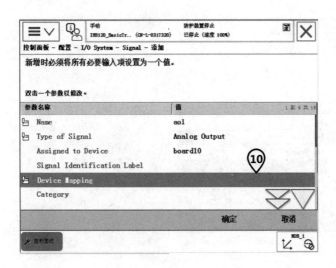

⑩ 双击 "Device Mapping"。

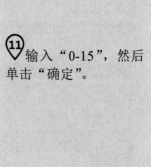

⑪ 输入 "0-15"，然后单击 "确定"。

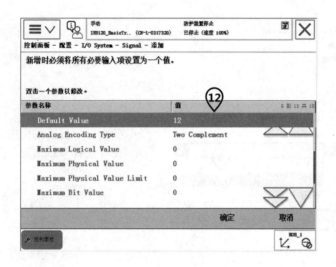

12 双击 "Default Value"，然后输入 "12"。

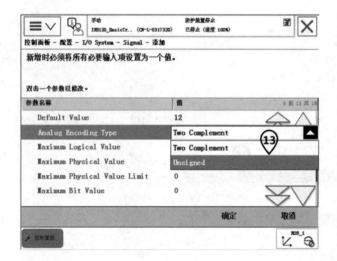

13 双击 "Analog Encoding Type"，然后选择 "Unsigned"。

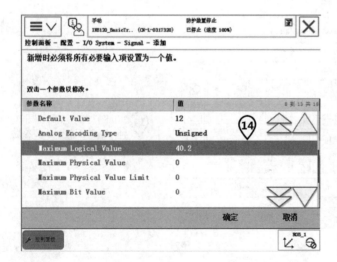

14 双击 " Maximum Logical Value"，然后输入 "40.2"。

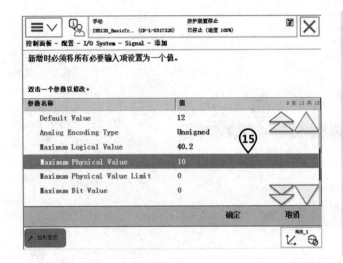

⑮ 双 击 "Maximum Physical Value"，然后输入 "10"。

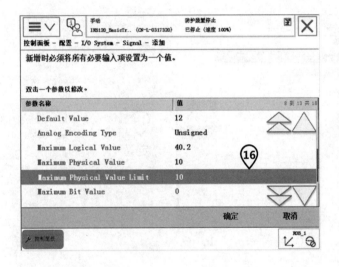

⑯ 双 击 "Maximum Physical Value Limit"，然后输入 "10"。

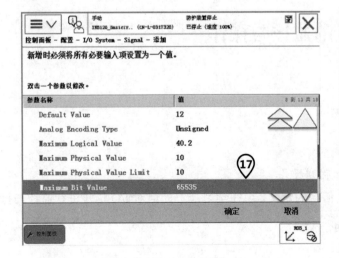

⑰双击 "Maximum Bit Value"，然后输入 "65535"。

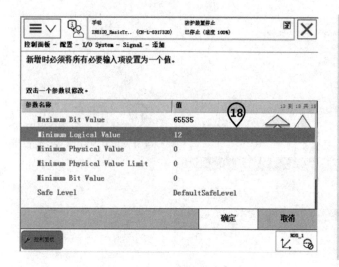

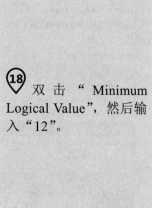

⑱ 双击 "Minimum Logical Value"，然后输入 "12"。

⑲ 单击"是"，完成设定。

任务 4-4 I/O 信号的监控与操作

工作任务

➢ 打开"输入输出"界面

➢ 对 I/O 信号进行仿真和强制操作

在任务 4-3 中，学习了 I/O 信号的定义。现在学习一下如何对 I/O 信号进行监控与操作。

1. 打开"输入输出"界面

其操作如下：

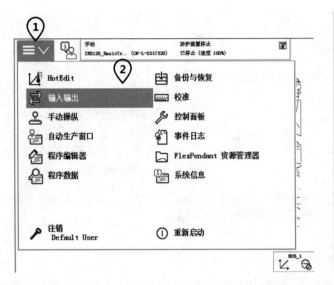

① 单击左上角主菜单按钮。

② 选择"输入输出"。

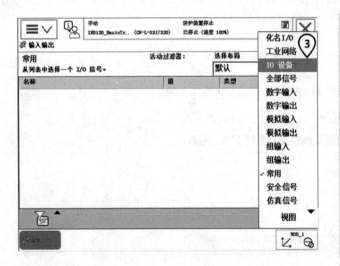

③ 单击右下角"视图"菜单，选择"IO 设备"。

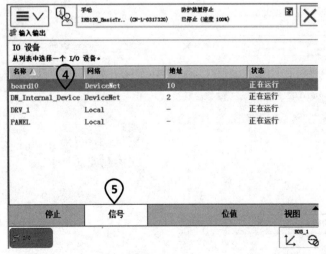

④ 选择"board10"。

⑤ 单击"信号"。

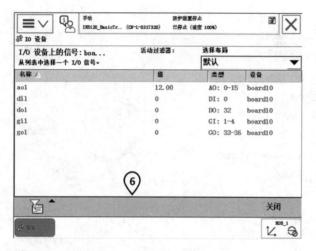

⑥ 在这个界面，可以看到在任务4-3中定义的信号。接着就可对信号进行监控、仿真和强制的操作。

2. 对 I/O 信号进行仿真和强制操作

对 I/O 信号的状态或数值进行仿真和强制操作，以便在工业机器人调试和检修时使用。下面就来学习数字信号和组信号的仿真和强制操作。

（1）对 di1 进行仿真操作

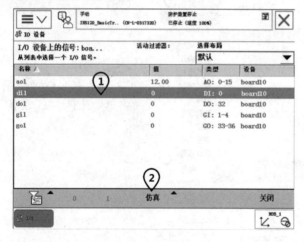

① 选中"di1"。

② 单击"仿真"。

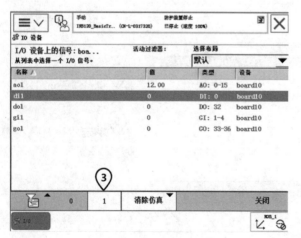

③ 单击"1"，将 di1 的状态仿真为"1"。

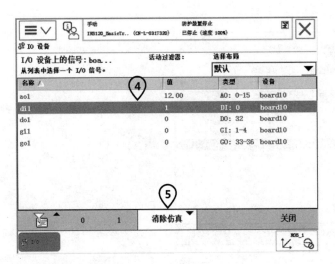

④ di1 已被仿真为"1"。

⑤ 仿真结束后，单击"消除仿真"。

（2）对 do1 进行强制操作

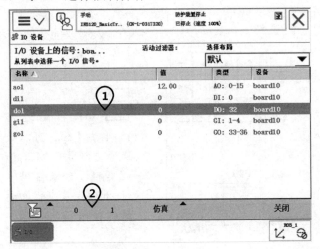

① 选中"do1"。

② 通过单击"0"和"1"，对 do1 的状态进行强制。

（3）对 gi1 进行仿真操作

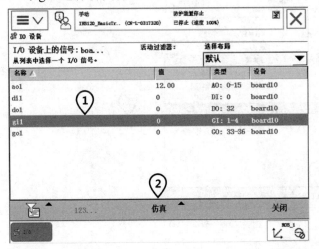

① 选中"gi1"。

② 单击"仿真"。

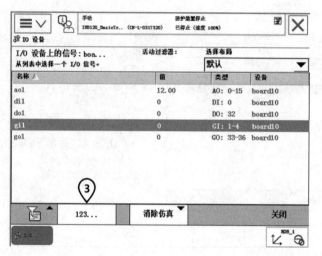

③ 单击"123…"。

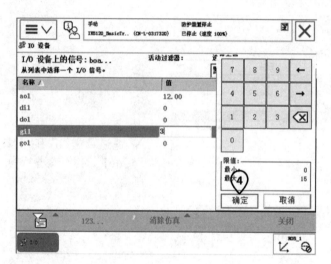

④ 输入需要的数值，然后单击"确定"。

KEY gi1 占用地址 1～4 共 4 位，可以代表十进制数 0～15。如此类推，如果占用地址 5 位，可以代表十进制数 0～31。

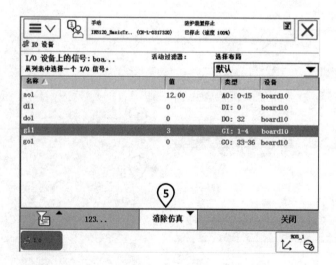

⑤ 仿真结束后，单击"消除仿真"。

（4）对 go1 进行强制操作

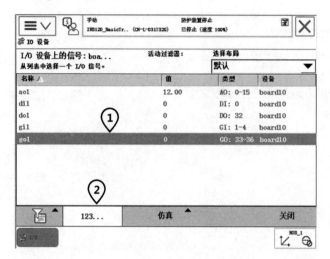

① 选中 "go1"。

② 单击 "123…"。

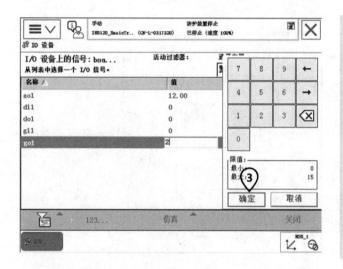

③ 输入需要的数值，然后单击 "确定"。

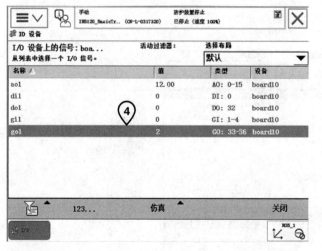

④ 界面中为 go1 的强制输出值。

（5）对 ao1 进行强制操作

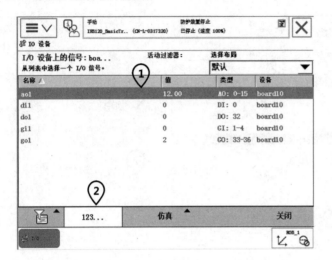

① 选中 "ao1"。

② 单击 "123…"。

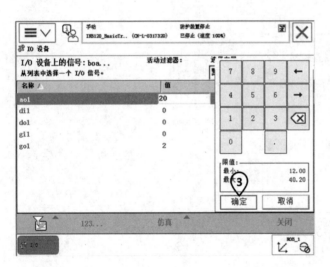

③ 输入需要的数值，然后单击 "确定"。

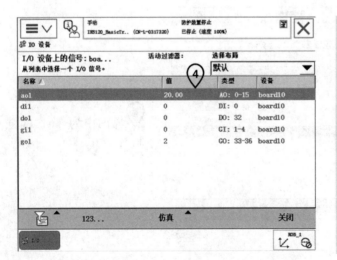

④ 界面中为 ao1 的强制输出值。

任务 4-5　PROFINET 适配器的连接

工作任务

➢　工业机器人端配置 PROFINET 的参数

➢　PLC 端配置 PROFINET 的参数

除通过 ABB 工业机器人提供的标准 I/O 板与外围设备进行通信以外，ABB 工业机器人还可以使用 DSQC 688 模块通过 PROFINET 与 PLC 进行快捷和大数据量的通信。

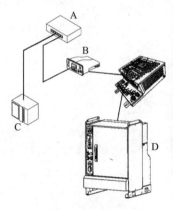

DSQC 688

A　工业以太网交换机
B　工业机器人 PROFINET
　　适配器 DSQC 688
C　PLC 主站
D　工业机器人控制柜

1. 工业机器人端配置

（1）参数设置及说明　从站工业机器人端 PROFINET 地址参数设置见表 4-23。

表 4-23　从站工业机器人端 PROFINET 地址参数设置

参 数 名 称	设 定 值	说 明
Name	PN_Internal_Anybus	板卡名称
Network	PROFINET_Anybus	总线网络
VendorName	ABB Robotics	供应商名称
ProductName	PROFINET Internal Anybus Device	产品名称
Label		标签
Input Size(bytes)	4	输入大小（B）
Output Size(bytes)	4	输出大小（B）

设置工业机器人端 PROFINET 通信的输入/输出字节大小。

这里设置为"4"，表示工业机器人与 PLC 通信支持 32 个数字输入和 32 个数字输出。

该参数允许设置的最大值为 128，意味着最多支持 1024 个数字输入和 1024 个数字输出。

（2）相关的设定操作

① 单击左上角主菜单按钮。

② 选择"控制面板"。

③ 选择"配置"。

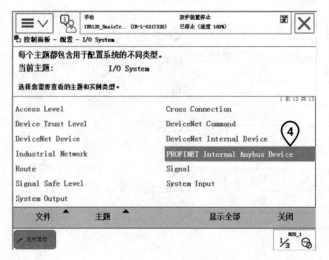

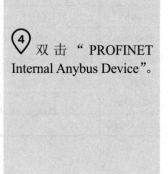
④ 双击 " PROFINET Internal Anybus Device"。

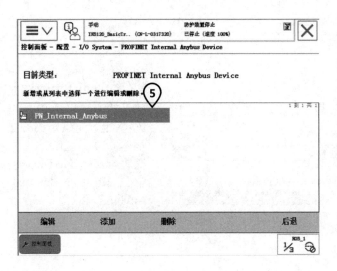

⑤双击 "PN_Internal_Anybus"。

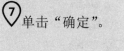

⑥将 "Input Size（bytes）" 和 "Output Size（bytes）" 设定为 "4"。这样，该 PROFINET 通信支持 32 个数字输入信号和 32 个数字输出信号。

⑦单击 "确定"。

⑧单击 "是"。

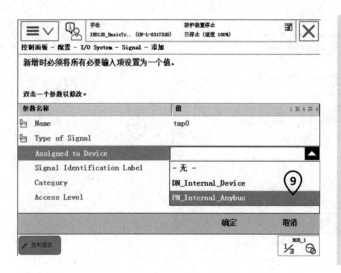

⑨ 基于PROFINET设定信号的方法和ABB标准I/O板上设定信号的方法基本一样。区别是在"Assigned to Device"中选择"PN_Internal_Anybus"。

2. PLC端配置

在完成了ABB工业机器人PROFINET适配器的设定后，还需要在PLC端完成相应的操作：

1）将ABB工业机器人的DSQC 688配置文件安装到PLC组态软件中。

DSQC 688配置文件获取步骤如下：

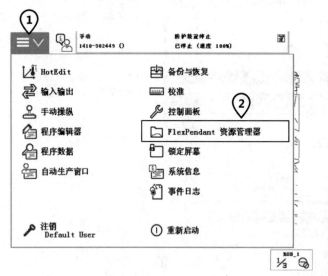

① 单击左上角主菜单按钮。

② 选择"FlexPendant"资源管理器。

按照路径PRODUCTS/RobotWare_6XX/utility/service/GSDML/GSDML-V2.0-PNET-FA-20100510.xml即可获取配置文件（GSDML-V2.0-PNET-FA-20100510.xml）

2）编辑节点，分配IP地址和设备名称给扫描出来的工业机器人控制器上的PROFINET适配器接口。

3）在组态软件中将新添加的"DSQC 688"加入工作站中并设置该工业机器人站点的IP地址及设备名称（与上一步分配的IP地址、设备名称保持一致）。

4）添加输入/输出模块（这里添加字节数各4B的输入/输出模块）。

5）ABB工业机器人中设置的信号与PLC端设置的信号是一一对应的（低位对低位）。

任务 4-6　系统输入/输出与 I/O 信号的关联

工作任务

➢ 建立系统输入"电机开启"与数字输入信号 di1 的关联

➢ 建立系统输出"电机开启"状态与数字输出信号 do1 的关联

将数字输入信号与系统的控制信号关联起来，就可以对系统进行控制（例如电机开启、程序启动等）。

系统的状态信号也可以与数字输出信号关联起来，将系统的状态输出给外围设备，以做控制之用。

下面就介绍建立系统输入/输出与 I/O 信号关联的操作步骤。

1. 建立系统输入"电机开启"与数字输入信号 di1 的关联

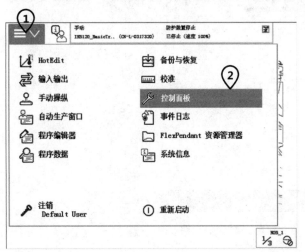

① 单击左上角主菜单按钮。

② 选择"控制面板"。

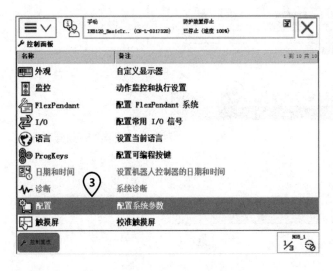

③ 选择"配置"。

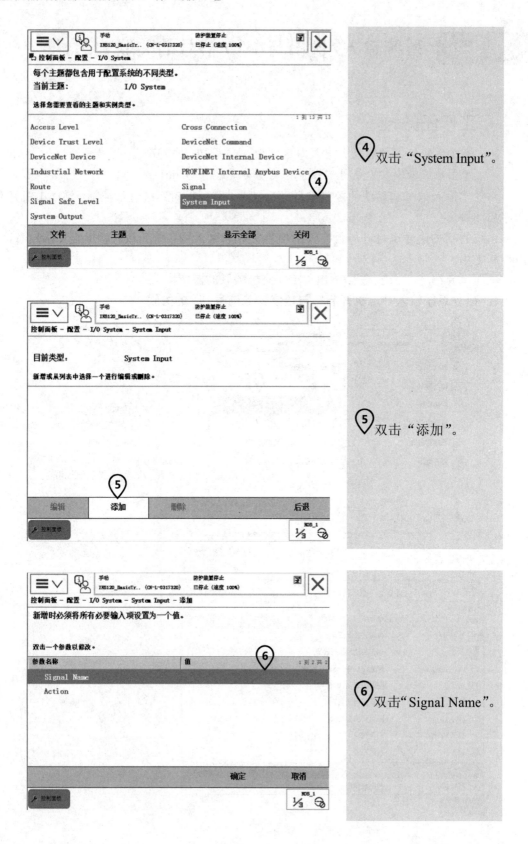

④ 双击 "System Input"。

⑤ 双击 "添加"。

⑥ 双击 "Signal Name"。

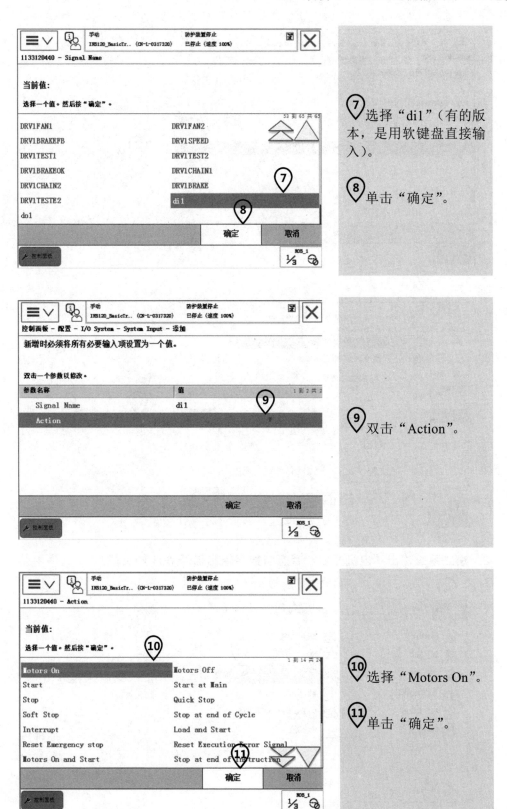

⑦ 选择 "di1"（有的版本，是用软键盘直接输入）。

⑧ 单击 "确定"。

⑨ 双击 "Action"。

⑩ 选择 "Motors On"。

⑪ 单击 "确定"。

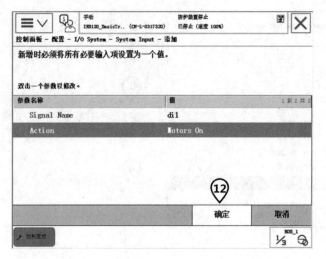

12 单击"确定"。

13 单击"是",完成设定。

2. 建立系统输出"电机开启"状态与数字输出信号 do1 的关联

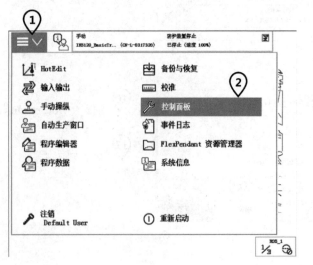

1 单击左上角主菜单按钮。

2 选择"控制面板"。

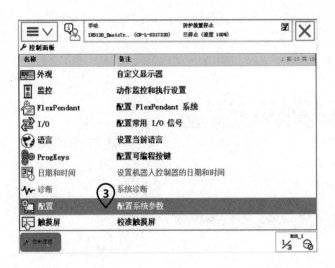

③ 选择"配置"。

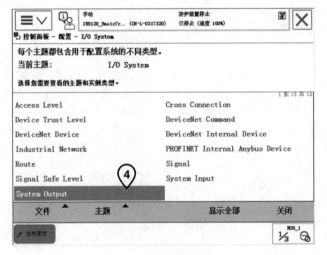

④ 双击"System Output"。

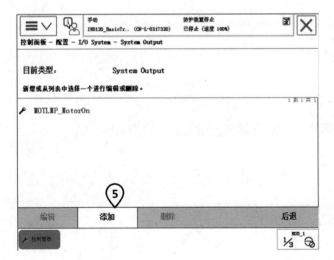

⑤ 双击"添加"。

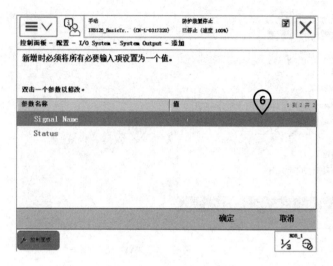

⑥双击"Signal Name"。

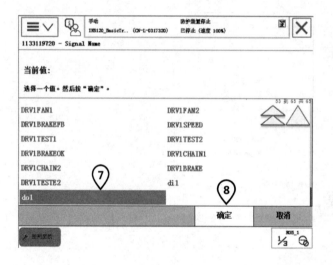

⑦选择"do1"（有的版本，是用软键盘直接输入）。

⑧单击"确定"。

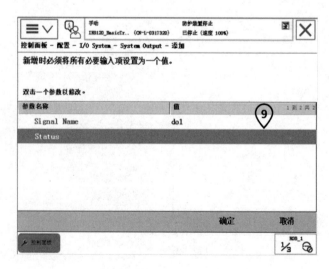

⑨双击"Status"。

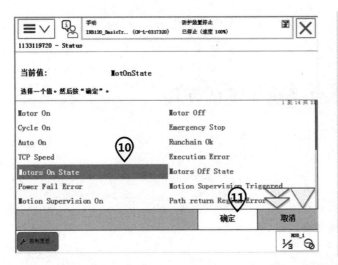

⑩ 选择 "Motors On State"。

⑪ 单击 "确定"。

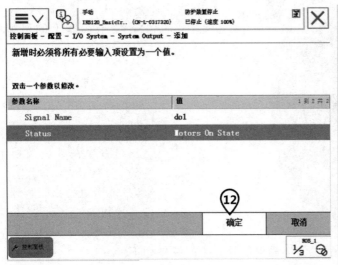

⑫ 单击 "确定"。

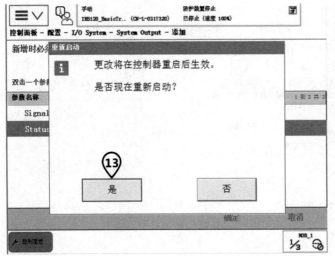

⑬ 单击 "是"，完成设定。

关于系统输入/系统输出的定义详情，请查看 ABB 工业机器人随机光盘说明书。

这时，就可以在示教器上的"输入输出"菜单查看相关信号的变化了。

任务 4-7 示教器可编程快捷键的使用

工作任务

➢ 定义 do1 到可编程快捷键 1

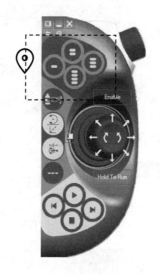

⊙ 在示教器上的可编程快捷键

KEY 可以为可编程快捷键分配想快捷控制的 I/O 信号，以方便对 I/O 信号进行强制和仿真操作。

例如，为可编程快捷键 1 配置数字输出信号 do1 的操作如下：

① 单击左上角主菜单按钮。

② 选择"控制面板"。

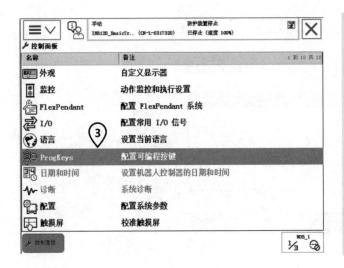

③选择"配置可编程按键"。

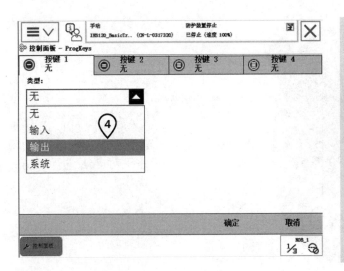

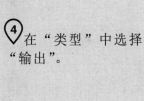
④在"类型"中选择"输出"。

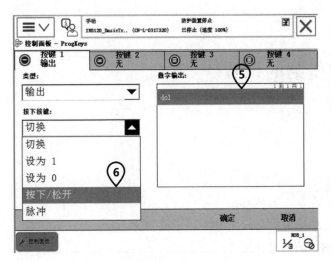

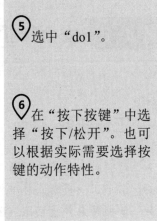
⑤选中"do1"。

⑥在"按下按键"中选择"按下/松开"。也可以根据实际需要选择按键的动作特性。

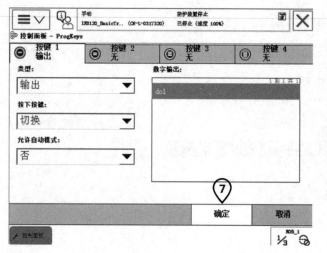

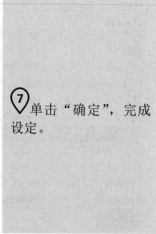

⑦ 单击"确定",完成设定。

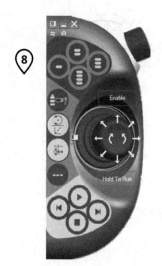

⑧ 现在就可以通过可编程快捷键 1 在手动状态下对 do1 进行强制的操作。

任务 4-8　安全保护机制的设置

工作任务

➤ 理解什么是工业机器人的安全保护机制
➤ 认识工业机器人标准控制柜(简称标准柜)的安全回路
➤ 掌握紧急停止回路(ES)的典型配置

> ➤ 掌握自动停止回路（AS）的典型配置
> ➤ 掌握工业机器人紧凑型控制柜（简称紧凑柜）的安全回路

1. 工业机器人的安全保护机制

工业机器人系统可以配备各种各样的安全保护装置，例如门互锁开关、安全光栅等。常用的工业机器人工作站的安全围栏门互锁开关，打开此装置工业机器人停止运行，可避免造成人机碰撞伤害。

工业机器人控制器有四个独立的安全保护机制，分别为常规停止（GS）、自动停止（AS）、上级停止（SS）、紧急停止（ES），见表 4-24。

表 4-24　安全保护机制

安 全 保 护	保 护 机 制
常规停止（General Stop）	在任何操作模式下都有效
自动停止（Auto Stop）	在自动模式下有效
上级停止（Superior Stop）	在任何模式下都有效
紧急停止（Emergency Stop）	在急停按钮被按下时有效

> ℹ️ 上级停止与常规停止的功能及保护机制基本一致，是基于常规停止回路的扩展，其主要用于连接外部设备，如安全 PLC。

2. 工业机器人标准控制柜

工业机器人标准控制柜内部结构如图 4-3 所示，安全面板即上述的安全回路。

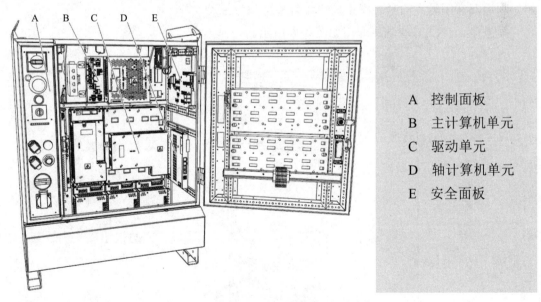

A　控制面板
B　主计算机单元
C　驱动单元
D　轴计算机单元
E　安全面板

图 4-3　工业机器人标准控制柜内部结构

安全面板接口如图 4-4 所示。用户外接安全回路主要是基于 X1、X2、X5、X6 这 4 个端子排。

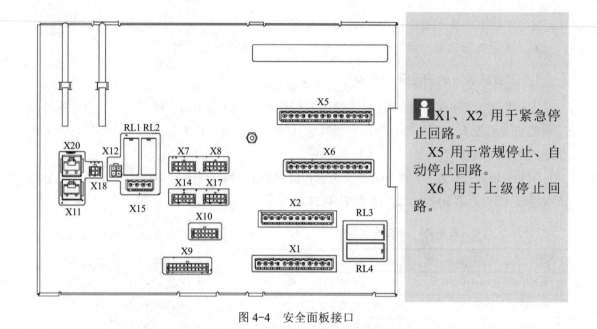

图 4-4　安全面板接口

X1、X2 用于紧急停止回路。

X5 用于常规停止、自动停止回路。

X6 用于上级停止回路。

安全回路接线示意如图 4-5 所示。安全回路电气原理图如图 4-17～图 4-19 所示。

3. 紧急停止回路（ES）的典型配置

工业机器人紧急停止回路需要在 X1、X2 端子上面跳接，而且采用的是双回路控制，例如利用双常闭触点的紧急停止按钮作为外部急停控制。

紧急停止（ES）控制原理图如图 4-6 所示。

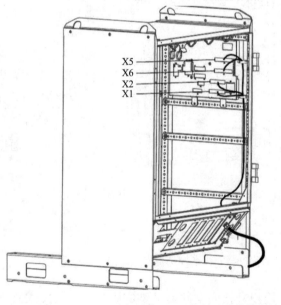

X1、X2、X5、X6 端子上面出厂默认装有短接片，安装实际需求跳接对应的短接片，即可将安全回路接引到外部的按钮、光栅或其他安全装置上。

图 4-5　安全回路接线示意

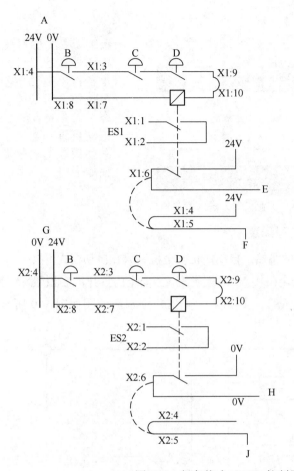

A	内部 24V 电源
B	外接紧急停止
C	示教器紧急停止
D	控制柜紧急停止
E	紧急停止内部回路 1
F	运行链 1Top
G	内部 24V 电源
H	紧急停止内部回路 2
J	运行链 2 Top
ES1	急停输出回路 1
ES2	急停输出回路 2

图 4-6　紧急停止（ES）控制原理

X1、X2 端子出厂默认短接状态下，如图 4-7 所示。

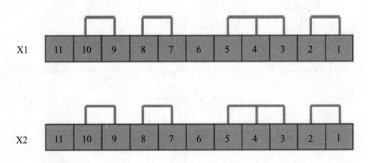

图 4-7　X1、X2 端子出厂默认短接状态

按照上述原理，ES1 和 ES2 分别接入 X1 上面 3-4 和 X2 上面的 3-4，ES1 和 ES2 的另外一端接在急停按钮的常闭触点上，当急停按钮被按下，工业机器人进入紧急停止状态，如图 4-8 所示。

ES1 输入

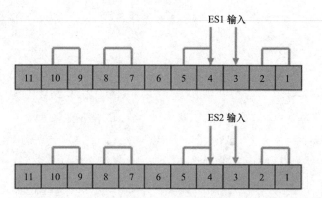

ES2 输入

> 急停恢复首先需要将急停按钮松开，然后单击控制柜的电动机上电按钮才可消除急停状态，若是自动模式，则电动机直接上电；若是手动模式，仍需要通过使能上电。

图 4-8　工业机器人进入紧急停止状态

4. 自动停止回路（AS）的典型配置

自动停止回路是在 X5 端子上面跳接，自动停止安全机制只在自动模式下有效。一般常用于安全门、安全光栅停止，例如将安全门接入 X5 端子上，当安全门打开，工业机器人停止运行。

常规停止（GS）、自动停止（AS）、上级停止（SS）控制原理图如图 4-9 所示。

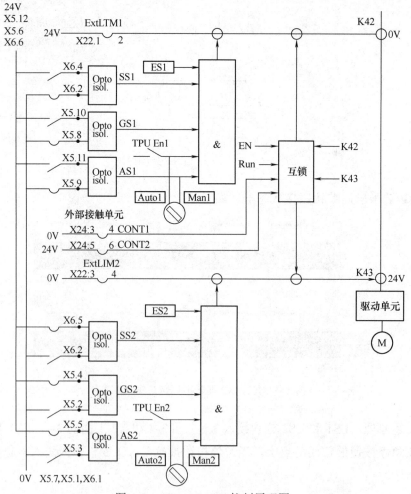

图 4-9　GS、AS、SS 控制原理图

X5 端子出厂默认短接状态下，如图 4-10 所示。

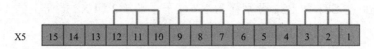

图 4-10　X5 端子出厂默认短接状态

按照上述原理，AS1 和 AS2 分别接入 X5 上面的 11-12 和 5-6，AS1 和 AS2 的另一端接入安全门常闭触点即可，当安全门打开，工业机器人进入自动停止状态，如图 4-11 所示。

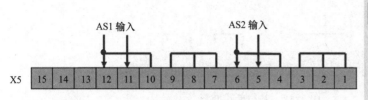

ℹ️ 自动停止触发后工业机器人本体电动机会断电，若需恢复运行，则需将安全门关闭，并且重新上电运行。

图 4-11　工业机器人进入自动停止状态

根据上述电路图原理，若需连接常规停止，则 GS1 和 GS2 需接入 X5 上面的 10-12 以及 4-6，GS1 和 GS2 的另一端接入对应的安全装置常闭触点即可，如图 4-12 所示。

此外，若需接入上级停止，则 SS1 和 SS2 需接入 X6 上面的 4-6 和 1-3，SS1 和 SS2 的另一端接入对应的安全装置常闭触点即可。

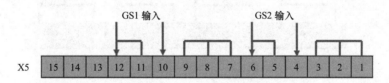

图 4-12　连接常规停止

5. 工业机器人紧凑柜的安全回路

紧凑柜安全回路位置以及接线稍有不同（图 4-13），电气原理图可参考图 4-20、图 4-21。

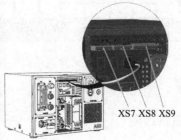

XS7 XS8 XS9

📍 紧凑柜安全回路。

图 4-13　紧凑柜安全回路位置以及接线

紧急停止回路，ES1 和 ES2 分别接入 X7 端子上的 1-2 和 X8 端子上的 1-2，ES1 和 ES2 另外一端接入对应安全装置的常闭触点即可，如图 4-14 所示。

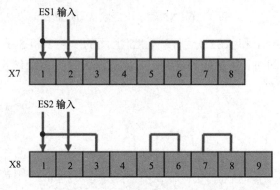

图 4-14　紧急停止回路

自动停止回路，AS1 和 AS2 分别接入 X9 端子上的 5-6 和 11-12，AS1 和 AS2 另外一端接入对应安全装置的常闭触点即可，如图 4-15 所示。

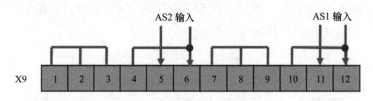

图 4-15　自动停止回路

常规停止回路，GS1 和 GS2 分别接入 X9 端子上的 4-6 和 10-12，GS1 和 GS2 另外一端接入对应安全装置的常闭触点即可，如图 4-16 所示。

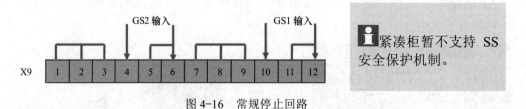

图 4-16　常规停止回路

> 🛈 紧凑柜暂不支持 SS 安全保护机制。

6. 安全保护机制电气原理图

1）标准柜安全保护机制电气原理图如图 4-17～图 4-19 所示。

2）紧凑柜安全保护机制电气原理图如图 4-20、图 4-21 所示。

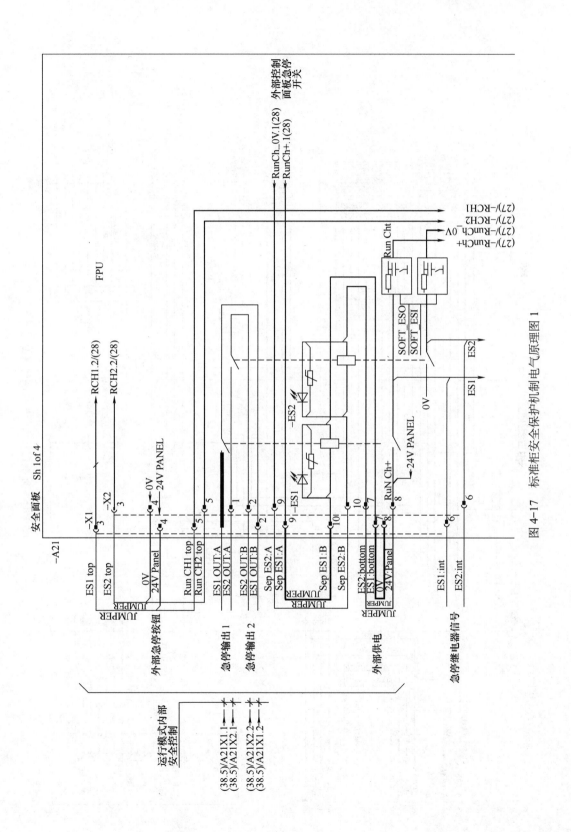

图 4-17　标准柜安全保护机制电气原理图 1

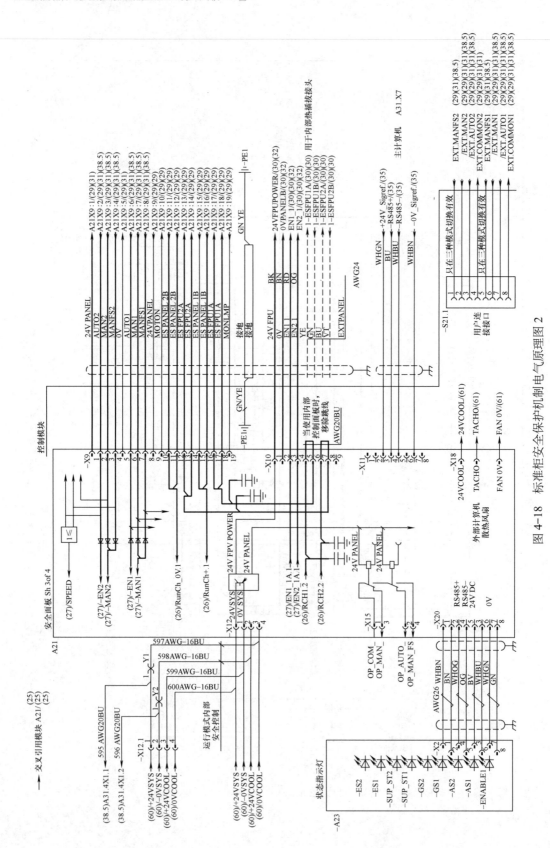

图 4-18 标准柜安全保护机制电气原理图 2

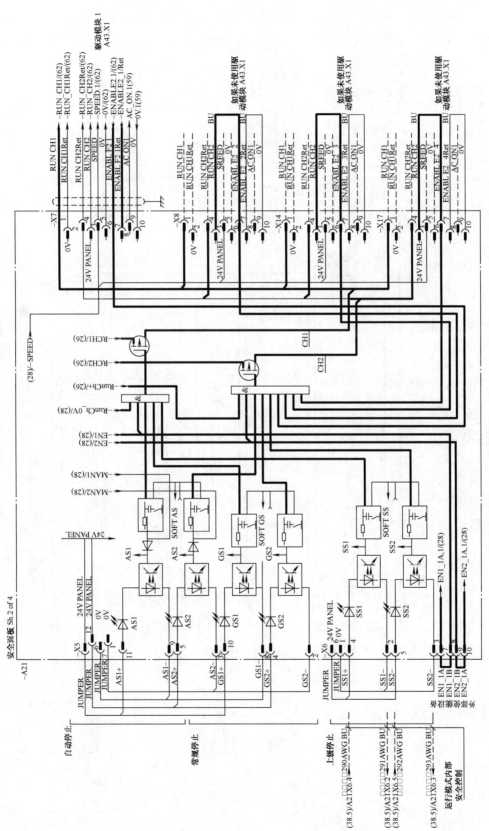

图 4-19 标准柜安全保护机制控制电气原理图图 3

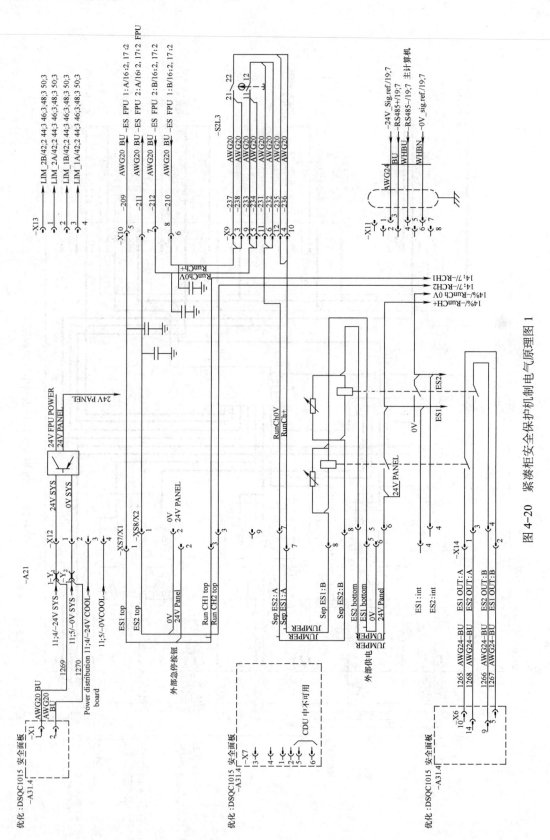

图 4-20 紧凑柜安全保护机制电气原理图 1

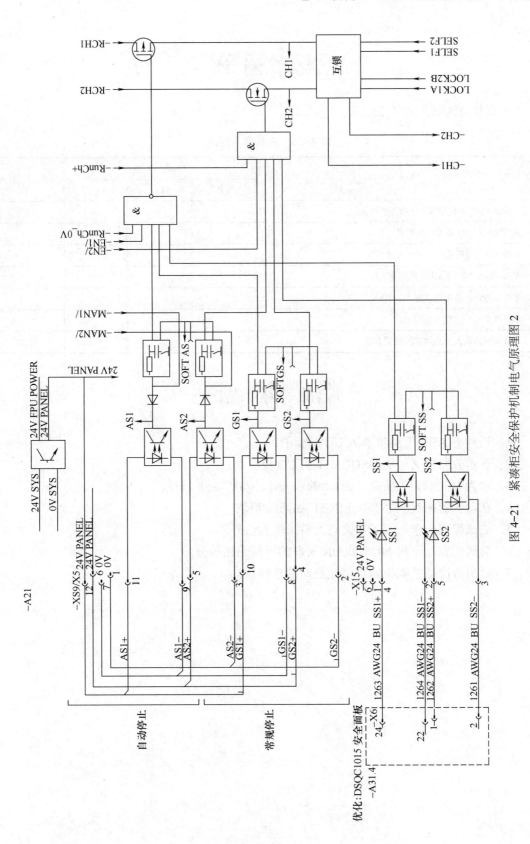

图4-21 紧凑柜安全保护机制电气原理图2

学 习 测 评

自我学习测评见表 4-25。

表 4-25　自我学习测评

要　求	自 我 评 价			备　注
	掌握	知道	再学	
了解 ABB 工业机器人 I/O 通信的种类				
掌握 DSQC 651 板的 I/O 配置				
掌握 I/O 信号的监控与强制操作				
掌握 PROFINET Anybus 的配置方法				
掌握系统输入输出的设置				
掌握可编程快捷键的使用				
掌握工业机器人安全回路的设置方法				

练 习 题

1. 请列出 ABB 工业机器人 I/O 通信的种类。
2. 在示教器定义一块 DSQC 651 的 I/O 板
3. 请为 DSQC 651 板定义 di1、do1、gi1、go1、ao1 信号。
4. 在示教器配置一个 PROFINET Anybus 模块。
5. 尝试配置一个与 STOP 关联的系统输入信号。
6. 尝试配置一个与 MOTORON 关联的系统输出信号。
7. 画出紧凑型控制柜紧急停止回路的接线图。

项目 5 ABB 工业机器人的程序数据

任务目标

➤ 了解什么是程序数据
➤ 了解建立程序数据的操作
➤ 了解程序数据的类型分类与存储类型
➤ 掌握三个关键程序数据（tooldata、wobjdata、loaddata）的设定方法

任务描述

程序内声明的数据被称为程序数据。

数据是信息的载体，它能够被计算机识别、存储和加工处理。它是被计算机程序加工的原料，应用程序处理各种各样的数据。在计算机科学中，所谓数据就是计算机加工处理的对象，它可以是数值数据，也可以是非数值数据。数值数据是一些整数、实数或复数，主要用于工程计算、科学计算和商务处理等；非数值数据包括字符、文字、图形、图像、语音等。

通过本项目的学习，读者可以了解 ABB 工业机器人编程时使用到的程序数据类型及分类、如何创建程序数据，掌握最重要的三个关键程序数据（tooldata、wobjdata、loaddata）的设定方法。

任务 5-1 认识程序数据

工作任务

➤ 了解常用运动指令中所调用的程序数据

程序数据是在程序模块或系统模块中设定值和定义一些环境数据。创建的程序数据由同一个模块或其他模块中的指令进行引用。如图 5-1 所示，虚线框中是一条常用的工业机器人关节运动的指令（MoveJ），并调用了 4 个程序数据。

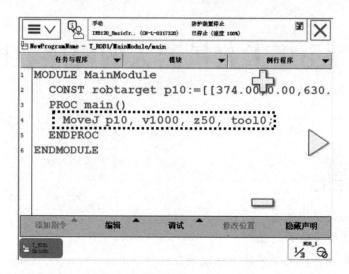

图 5-1 程序数据

图 5-1 中所使用的程序数据的说明见表 5-1。

表 5-1 程序数据说明

程序数据	数据类型	说　明
p10	robtarget	工业机器人运动目标位置数据
v1000	speeddata	工业机器人运动速度数据
z50	zonedata	工业机器人运动转弯数据
tool0	tooldata	工业机器人工具数据TCP

任务 5-2　建立程序数据的操作

工作任务

➤ 建立 bool 类型程序数据的操作
➤ 建立 num 类型程序数据的操作

程序数据的建立一般可以分为两种形式，一种是直接在示教器的程序数据界面中建立程序数据；另一种是在建立程序指令的同时，自动生成对应的程序数据。

在本任务中将完成直接在示教器的程序数据界面中建立程序数据的方法。下面以建立布尔数据（bool）和数字数据（num）为例子进行说明。

1. 建立 bool 类型程序数据的操作

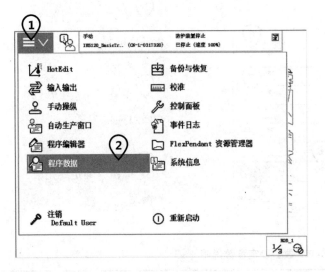

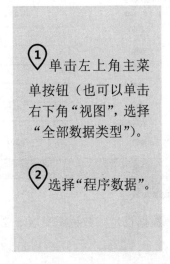

① 单击左上角主菜单按钮（也可以单击右下角"视图"，选择"全部数据类型"）。

② 选择"程序数据"。

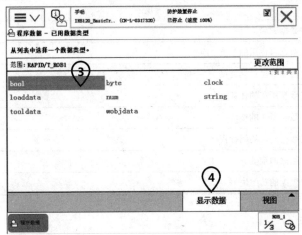

③ 选择数据类型"bool"。

④ 单击"显示数据"。

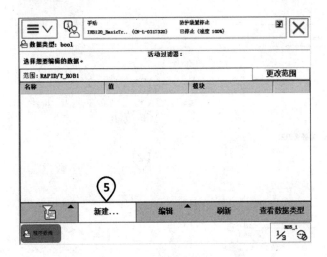

⑤ 单击"新建…"。

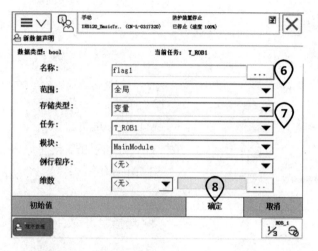

⑥ 单击…按钮进行名称的设定。

⑦ 单击下拉菜单选择对应的参数。

⑧ 单击"确定"完成设定。

数据设定参数说明见表 5-2。

表 5-2　数据设定参数说明

数据设定参数	说　　明
名称	设定数据的名称
范围	设定数据可使用的范围
存储类型	设定数据的可存储类型
任务	设定数据所在的任务
模块	设定数据所在的模块
例行程序	设定数据所在的例行程序
维数	设定数据的维数
初始值	设定数据的初始值

2. 建立 num 类型程序数据的操作

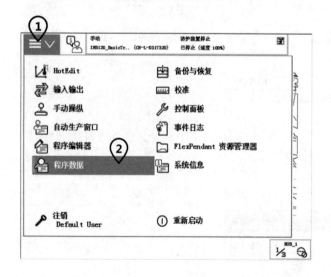

① 单击左上角主菜单按钮。

② 选择"程序数据"。

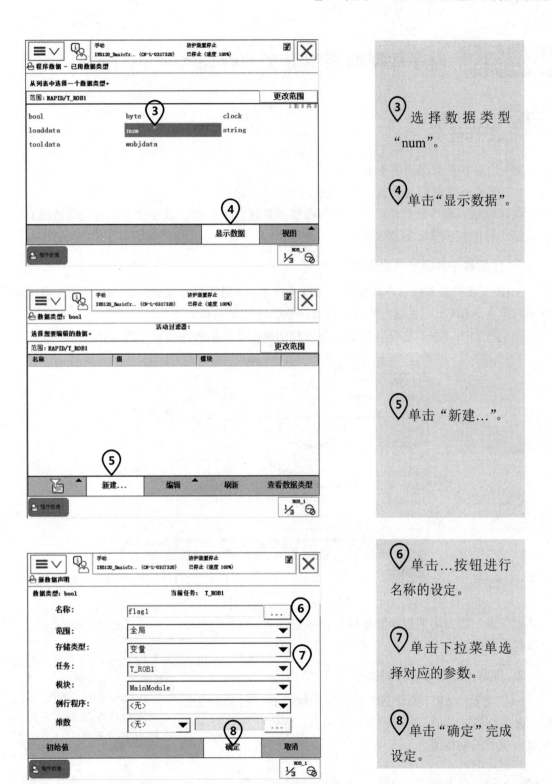

③ 选 择 数 据 类 型
"num"。

④ 单击"显示数据"。

⑤ 单击"新建…"。

⑥ 单击…按钮进行
名称的设定。

⑦ 单击下拉菜单选
择对应的参数。

⑧ 单击"确定"完成
设定。

至此，读者就掌握了建立程序数据的基本方法，以及相关参数的定义与设定方法。

任务 5-3 程序数据的类型分类与存储类型

工作任务

➤ 了解程序数据的类型分类

➤ 理解程序数据的存储类型

在这里学习程序数据的类型分类与存储类型这两个主题，以便读者能对程序数据有一个认识，并能根据实际的需要选择程序数据。

1. 了解程序数据的类型分类

ABB工业机器人的程序数据共有100个左右，并且可以根据实际情况进行程序数据的创建，这为ABB工业机器人的程序设计带来了无限的可能。

在示教器的"程序数据"界面可查看和创建所需要的程序数据（图5-2）。

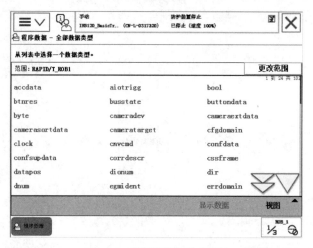

图 5-2 "程序数据"界面

以下就一些常用的程序数据进行详细的说明，为下一步程序编程做好准备。

2. 理解程序数据的存储类型

（1）变量 VAR 变量型数据在程序执行的过程中和停止时，会保持当前的值。但程序指针复位后，数值会恢复为声明变量时赋予的初始值。

> VAR 表示存储类型为变量。
>
> num 表示声明的数据是数字型数据（存储的内容为数字）。

举例说明：

```
VAR num length := 0; 名称为 length 的变量型数值数据
VAR string name := "Tom"; 名称为 name 的变量型字符数据
VAR bool finished := FALSE; 名称为 finished 的变量型布尔量数据
```

VAR 在程序编辑界面中的显示，如图 5-3 所示。

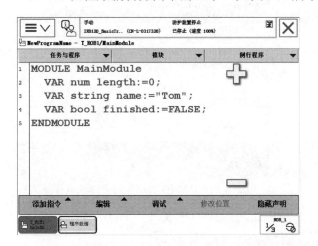

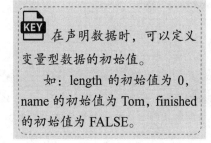

> KEY 在声明数据时，可以定义变量型数据的初始值。
>
> 　如：length 的初始值为 0，name 的初始值为 Tom，finished 的初始值为 FALSE。

图 5-3　VAR 在程序编辑界面中的显示

在工业机器人执行的 RAPID 程序中，也可以对 VAR 进行赋值，如图 5-4 所示。

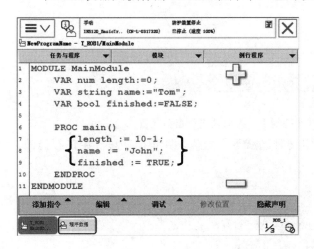

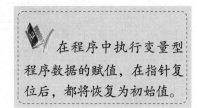

> 　在程序中执行变量型程序数据的赋值，在指针复位后，都将恢复为初始值。

图 5-4　RAPID 程序中对 VAR 进行赋值

（2）可变量 PERS　无论程序的指针如何变化，可变量型数据都会保持最后赋予的值。

> 　PERS 表示存储类型为可变量。

举例说明：

PERS num numb := 1;	名称为 numb 的数值数据
PERS string text := "Hello";	名称为 text 的字符数据

PERS 在程序编辑界面中的显示，如图 5-5 所示。

在工业机器人执行的 RAPID 程序中，也可以对 PERS 进行赋值，如图 5-6 所示。

程序执行后，赋值的结果会一直保持到下一次对其进行重新赋值，如图 5-7 所示。

图 5-5 PERS 在程序编辑界面中的显示

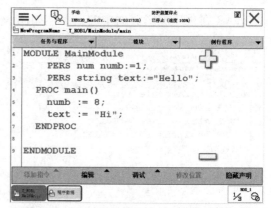

图 5-6 在 RAPID 程序中对 PERS 进行赋值

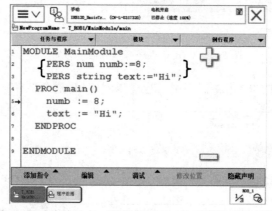

图 5-7 赋值结果会一直保持到下一次对其进行重新赋值

（3）常量 CONST 常量的特点是在定义时已赋予了数值，并不能在程序中进行修改，只能手动修改。

举例说明：

CONST num gravity := 9.81;　　　名称为 gravity 的数值数据
CONST string greating := "Hello";　名称为 greating 的字符数据

CONST 在程序编辑界面中的显示，如图 5-8 所示。

> 存储类型为常量的程序数据，不允许在程序中进行赋值的操作。

图 5-8 CONST 在程序编辑界面中的显示

任务 5-4　**常用程序数据说明**

工作任务

- ➢ 掌握数值数据 num 的含义
- ➢ 掌握逻辑值数据 bool 的含义
- ➢ 掌握字符串数据 string 的含义
- ➢ 掌握位置数据 robtarget 的含义
- ➢ 掌握关节位置数据 jointtarget 的含义
- ➢ 掌握速度数据 speeddata 的含义
- ➢ 掌握转角区域数据 zonedata 的含义

根据不同的数据用途，定义了不同的程序数据。下面来学习 ABB 工业机器人系统常用的程序数据。

1. 数值数据 num

num 用于存储数值数据，例如计数器。

num 数据类型的值可以为整数，例如-5；小数，例如 3.45；也可以指数的形式写入，例如 2E3（$=2\times10^3=2000$），2.5E-2（$=0.025$）。

整数数值，始终将-8388607～+8388608 的整数作为准确的整数储存。小数数值仅为近似数字，因此不得用于等于或不等于对比。若为使用小数的除法和运算，则结果亦将为小数。

数值数据 num 示例如图 5-9 所示。

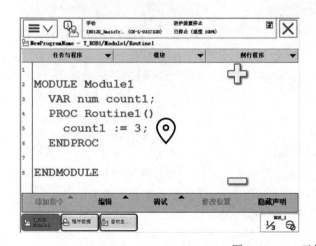

图 5-9　num 示例

将整数 3 赋值给名称为 count1 的数值数据。

2. 逻辑值数据 bool

bool 用于存储逻辑值（真/假）数据，即 bool 型数据值可以为 TRUE 或 FALSE。

逻辑值数据 bool 示例如图 5-10 所示。

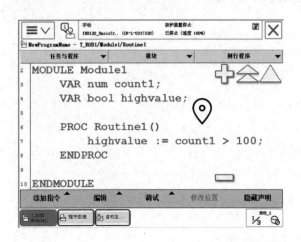

示例中，首先判断 count1 中的数值是否大于 100，如果大于 100，则向 highvalue 赋值 TRUE,否则赋值 FALSE。

图 5-10　bool 示例

3. 字符串数据 string

string 用于存储字符串数据。字符串是由一串前后附有引号（" "）的字符（最多 80 个）组成，例如 This is a character string。

如果字符串中包括反斜线（\），则必须写两个反斜线符号，例如 "This string contains a \\ character"。

字符串数据 string 示例如图 5-11 所示。

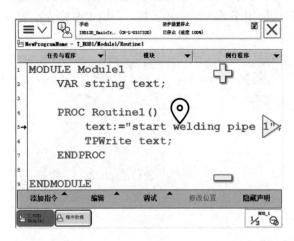

将 start welding pipe 1 赋值给 text,运行程序后，在示教器的操作员界面将会显示 start welding pipe 1 这段字符串。

图 5-11　string 示例

4. 位置数据 robtarget

robtarget（robot target）用于存储工业机器人和附加轴的位置数据。位置数据的内容是在运动指令中工业机器人和外轴将要移动到的位置。

robtarget 由 4 个部分组成，见表 5-3。

表 5-3 robtarget 组件说明

组　件	说　　明
trans	1）translation 2）数据类型：pos 3）工具中心点的所在位置（X、Y 和 Z），单位为 mm 4）存储当前工具中心点在当前工件坐标系的位置。如果未指定任何工件坐标系，则当前工件坐标系为大地坐标系
rot	1）rotation 2）数据类型：orient 3）工具姿态，以四元数的形式表示（q1、q2、q3 和 q4） 4）存储相对于当前工件坐标系方向的工具姿态。如果未指定任何工件坐标系，则当前工件坐标系为大地坐标系
robconf	1）robot configuration 2）数据类型：confdata 3）工业机器人的轴配置（cf1、cf4、cf6 和 cfx）。以轴 1、轴 4 和轴 6 当前四分之一旋转的形式进行定义。将第一个正四分之一旋转 0°～90° 定义为 0。组件 cfx 的含义取决于工业机器人的类型
extax	1）external axes 2）数据类型：extjoint 3）附加轴的位置 4）对于旋转轴，其位置定义为从校准位置起旋转的度数 5）对于线性轴，其位置定义为与校准位置的距离（mm）

位置数据 robtarget 示例如下：

`CONST robtarget   p15 := [ [600, 500, 225.3], [1, 0, 0, 0], [1, 1, 0, 0], [ 11, 12.3, 9E9, 9E9, 9E9, 9E9] ];`

位置 p15 定义如下：

1）工业机器人在工件坐标系中的位置：X=600mm、Y=500mm、Z=225.3mm。

2）工具的姿态与工件坐标系的方向一致。

3）工业机器人的轴配置：轴 1 和轴 4 位于 90°～180°，轴 6 位于 0°～90°。

4）附加逻辑轴 a 和 b 的位置以度（°）或毫米（mm）表示（根据轴的类型）。

5）未定义轴 c 到轴 f。

5. 关节位置数据 jointtarget

jointtarget 用于存储工业机器人和附加轴的每个单独轴的角度位置。通过 moveabsj 可以使工业机器人和附加轴运动到 jointtarget 关节位置处。

jointtarget 由 2 个部分组成，见表 5-4。

表 5-4 jointtarget 组件说明

组　件	说　　明
robax	1）robot axes 2）数据类型：robjoint 3）工业机器人轴的轴位置，单位（°） 4）将轴位置定义为各轴（臂）从轴校准位置沿正方向或反方向旋转的度数
extax	1）external axes 2）数据类型：extjoint 3）附加轴的位置 4）对于旋转轴，其位置定义为从校准位置起旋转的度数 5）对于线性轴，其位置定义为与校准位置的距离（mm）

关节位置数据 jointtarget 示例如下：

```
CONST jointtarget calib_pos := [ [ 0, 0, 0, 0, 0, 0], [ 0, 9E9,9E9, 9E9, 9E9, 9E9] ];
```

通过数据类型 jointtarget 在 calib_pos 存储了工业机器人的机械原点位置，同时定义外部轴 a 的原点位置 0（单位为°或 mm），未定义外轴 b 到 f。

6. 速度数据 speeddata

speeddata 用于存储工业机器人和附加轴运动时的速度数据。

速度数据定义了工具中心点移动时的速度、工具的重定位速度、线性或旋转外轴移动时的速度。

speeddata 由 4 个部分组成，见表 5-5。

表 5-5 speeddata 组件说明

组　件	说　　明
v_tcp	1）velocity tcp 2）数据类型：num 3）TCP 的速度，单位 mm/s 4）如果使用固定工具或协同的外轴，则是相对于工件的速率
v_ori	1）external axes 2）数据类型：num 3）TCP 的重定位速度，单位（°）/s 4）如果使用固定工具或协同的外轴，则是相对于工件的速率
v_leax	1）velocity linear external axes 2）数据类型：num 3）线性外轴的速度，单位 mm/s
v_reax	1）velocity rotational external axes 2）数据类型：num 3）旋转外轴的速率，单位（°）/s

速度数据 speeddata 示例如下：

```
VAR speeddata vmedium := [ 1000, 30, 200, 15 ];
```

使用以下速度，定义了速度数据 vmedium：

1）TCP 速度为 1000 mm/s。

2）工具的重定位速度为 30（°）/s。

3）线性外轴的速度为 200 mm/s。

4）旋转外轴速度为 15（°）/s。

7. 转角区域数据 zonedata

zonedata 用于规定如何结束一个位置，也就是在朝下一个位置移动之前，工业机器人必须如何接近编程位置。

可以以停止点或飞越点的形式来终止一个位置。

停止点意味着工业机器人和外轴必须在使用下一个指令来继续程序执行之前到达指定位置（静止不动）。

飞越点意味着从未达到编程位置，而是在到达该位置之前改变运动方向。

zonedata 由 7 个部分组成，见表 5-6。

表 5-6   zonedata 组件说明

组　　件	说　　明
finep	（1）fine point （2）数据类型：bool （3）规定运动是否以停止点（fine 点）或飞越点结束 1）TRUE:运动随停止点而结束，且程序执行将不再继续，直至工业机器人达到停止点。未使用区域数据中的其他组件数据 2）FALSE:运动随飞越点而结束，且程序执行在工业机器人到达区域之前继续进行大约 100 ms
pzone_tcp	1）path zone TCP 2）数据类型：num 3）TCP 区域的尺寸（半径），单位 mm 4）根据组件 pzone_ori、pzone_eax、zone_ori、zone_leax、zone_reax 和编程运动，将扩展区域定义为区域的最小相对尺寸
pzone_ori	1）path zone orientation 2）数据类型: num 3）有关工具重新定位的区域半径。将半径定义为 TCP 距编程点的距离，单位 mm 4）数值必须大于 pzone_tcp 的对应值。如果低于，则数值自动增加，以使其与 pzone_tcp 相同
pzone_eax	1）path zone external axes 2）数据类型：num 3）有关外轴的区域半径。将半径定义为 TCP 距编程点的距离，以 mm 计 4）数值必须大于 pzone_tcp 的对应值。如果低于，则数值自动增加，以使其与 pzone_tcp 相同
zone_ori	1）zone orientation 2）数据类型：num 3）工具重定位的区域半径大小，单位° 4）如果工业机器人正夹持着工件，则是指工件的旋转角度
zone_leax	1）zone linear external axes 2）数据类型：num 3）线性外轴的区域半径大小，单位 mm
zone_reax	1）zone rotational external axes 2）数据类型：num 3）旋转外轴的区域半径大小，单位°

转角区域数据 zonedata 示例如下：

VAR zonedata path := [FALSE, 25, 40, 40, 10, 35, 5];

通过以下数据，定义转角区域数据 path：

1）TCP 路径的区域半径为 25 mm。

2）工具重定位的区域半径为 40 mm（TCP 运动）。

3）外轴的区域半径为 40 mm（TCP 运动）。

如果 TCP 静止不动，或存在大幅度重新定位，或存在有关该区域的外轴大幅度运动，则应用以下规定：

1）工具重定位的区域半径为 10°。

2）线性外轴的区域半径为 35 mm。

3）旋转外轴的区域半径为 5°。

如果需要学习全部的程序数据，请查阅 ABB 工业机器人随机光盘说明书。

任务 5-5 三个关键程序数据的设定

工作任务

➢ 设定工具数据 tooldata
➢ 设定工件坐标数据 wobjdata
➢ 设定有效载荷数据 loaddata

在进行正式的编程之前，需要构建起必要的工业机器人编程环境，其中有三个必需的程序数据（工具数据 tooldata，工件坐标数据 wobjdata，有效载荷数据 loaddata）需要在编程前进行定义。下面介绍这三个程序数据的组成及设定方法。

1. 工具数据 tooldata 的设定

工具数据 tooldata 用于描述安装在工业机器人第六轴上的工具的 TCP、质量、重心等参数数据。

不同的工业机器人应用配置不同的工具，比如弧焊的工业机器人使用弧焊枪作为工具，而用于搬运板材的工业机器人会使用吸盘式的夹具作为工具，如图 5-12 所示。

默认工具（tool0）的 TCP 位于工业机器人安装法兰的中心，如图 5-13 所示。图中的 A 点就是原始的 TCP。

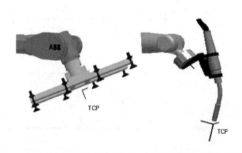

图 5-12 不同的工业机器人应用配置不同的工具 　图 5-13 A 点就是原始的 TCP

（1）tooldata 数据组成　tooldata 用于描述工具（例如焊枪或夹具）的特征。此类特征包括 TCP 的位置和方位，以及工具负载的物理特征。

tooldata 由 3 个部分组成，见表 5-7。

表 5-7 tooldata 组件说明

组 件	说 明
robhold	robot hold 数据类型：bool 定义工业机器人是否夹持工具 1）TRUE：工业机器人法兰安装工具 2）FALSE：工业机器人法兰不安装工具，而工具固定在一个位置

（续）

组　件	说　明
tframe	tool frame 数据类型：pose 工具坐标系，即 1）TCP 的位置（X、Y 和 Z），单位 mm，相对于腕坐标系（tool0） 2）工具坐标系的方向，相对于腕坐标系
tload	tool load 数据类型：loaddata 工业机器人夹持着工具 工具的负载，即 1）工具的质量（重量），单位 kg。 2）工具负载的重心（X、Y 和 Z），单位 mm，相对于腕坐标系 3）工具力矩主惯性轴的方位，相对于腕坐标系 4）围绕力矩惯性轴的惯性矩，单位 kg·m²。如果将所有惯性部件定义为 0 kg·m²，则将工具作为一个点质量来处理 固定工具，用于描述夹持工件的夹具的负载 1）所移动夹具的质量，单位 kg 2）所移动夹具的重心（X、Y 和 Z），以 mm 计，相对于腕坐标系 3）所移动夹具力矩主惯性轴的方位，相对于腕坐标系 4）围绕力矩惯性轴的惯性矩，单位 kg·m²。如果将所有惯性部件定义为 0 kg·m²，则将夹具作为一个点质量来处理

工具数据 tooldata 示例：

PERS tooldata gripper := [TRUE, [[97.4, 0, 223.1], [0.924, 0,0.383 ,0]], [5, [23, 0, 75], [1, 0, 0, 0], 0, 0, 0]];

工具数据 gripper 定义的内容如下：

1）工业机器人法兰上安装工具。

2）TCP 所在点沿工具坐标系 X 方向偏移 97.4mm，沿工具坐标系 Z 方向偏移 223.1mm。

3）工具的 X 方向和 Z 方向相对于腕坐标系 Y 方向旋转 45°。

4）工具质量为 5kg。

5）重心所在点沿腕坐标系 X 方向偏移 23mm，沿腕坐标系 Z 方向偏移 75mm。

可将负载视为一个点质量，即不带转矩惯量。

> 如果使用固定工具，则定义的工具坐标系是相对于世界坐标系的。

（2）tooldata 数据的设定　TCP 的设定原理如下：

1）在工业机器人工作范围内找一个非常精确的固定点作为参考点。

2）在工具上确定一个参考点（最好是工具的中心点）。

3）用之前学习的手动操纵工业机器人的方法移动工具上的参考点，以最少四种不同的工业机器人姿态与固定点尽可能刚好碰上。为了获得更准确的 TCP，在以下的例子中使用六点法进行操作，第四点是用工具的参考点垂直于固定点；第五点设定延伸器点 X，延伸器点 X 朝向固定参考点的方向即为 X 轴正方向；第六点设定延伸器点 Z，延伸器点 Z 朝向固定参考点的方向即为 Z 轴正方向。

4）工业机器人通过这六个位置点的位置数据计算求得 TCP 的数据，然后 TCP 的数据保存在 tooldata 这个程序数据中被程序调用。

具体设定操作如下：

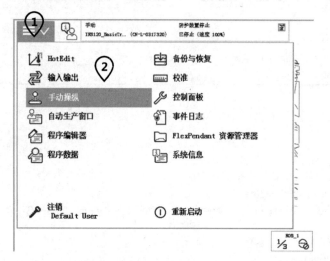

① 单击左上角主菜单按钮。

② 选择"手动操纵"。

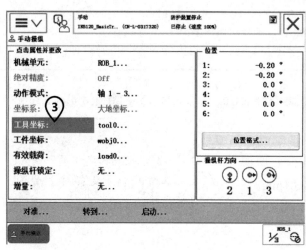

③ 选择"工具坐标"。

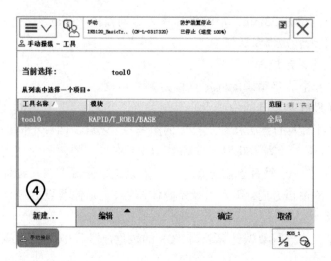

④ 单击"新建..."。

⑤对工具数据属性进行设定后，单击"确定"。

⑥选中"tool1"后，单击"编辑"菜单中的"定义…"选项。

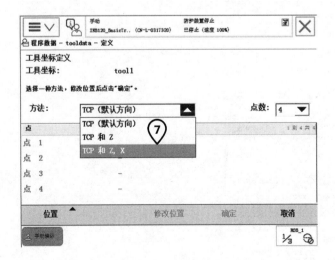

⑦选择"TCP 和 Z，X"方法设定 TCP。

⑧ 选择合适的手动操纵模式。

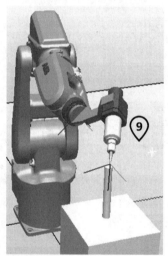

⑨ 按下使能键,用摇杆使工具参考点靠上固定点,作为第一个点。

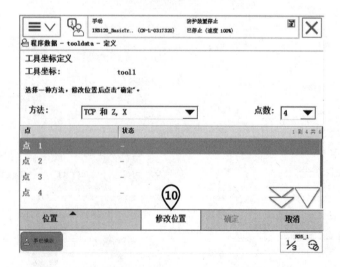

⑩ 选中"点 1",单击"修改位置",将点1位置记录下来。

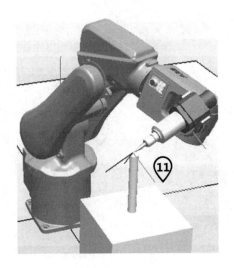

⑪工具参考点以此姿态靠上固定点。

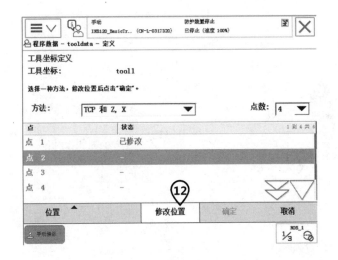

⑫选中"点 2"，单击"修改位置"，将点 2 位置记录下来。

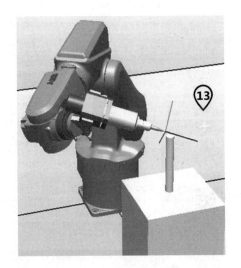

⑬工具参考点以此姿态靠上固定点。

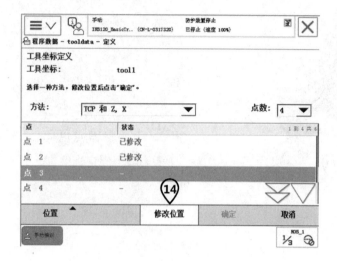

⑭ 选中"点3",单击"修改位置",将点3位置记录下来。

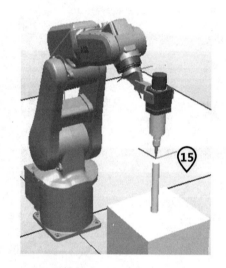

⑮ 工具参考点以此姿态靠上固定点。

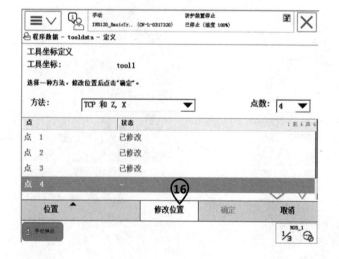

⑯ 选中"点4",单击"修改位置",将点4位置记录下来。

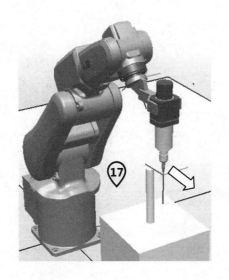

⑰ 工具向箭头方向移动，作为 X 的正方向。

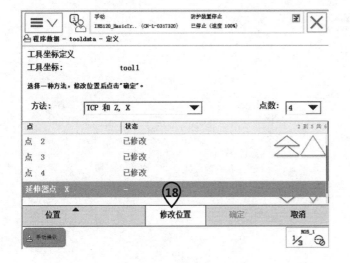

⑱ 选中"延伸器点 X"，单击"修改位置"，将延伸器点 X 位置记录下来。

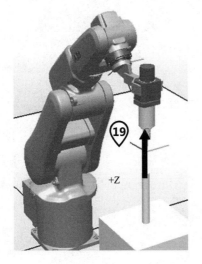

⑲ 工具向箭头方向移动，作为 Z 的正方向。

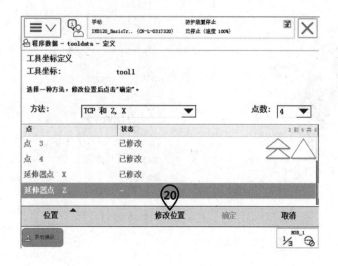

⑳选中"延伸器点 Z",单击"修改位置",将延伸器点 Z 位置记录下来。

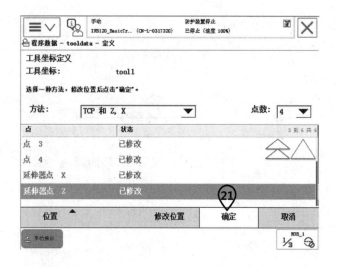

㉑单击"确定",完成设定。

㉒对误差进行确认,当然是越小越好,但也要以实际验证效果为准。

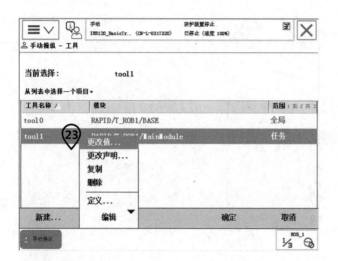

㉓ 接着设置 tool1 的质量和重心。选中"tool1"，然后打开"编辑"菜单选择"更改值…"。

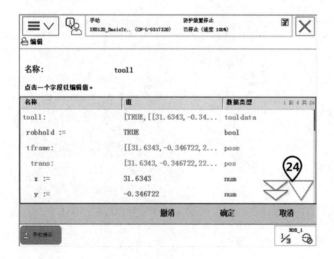

KEY 此界面显示的内容就是 TCP 定义时生成的数据。

㉔ 单击箭头向下翻页。

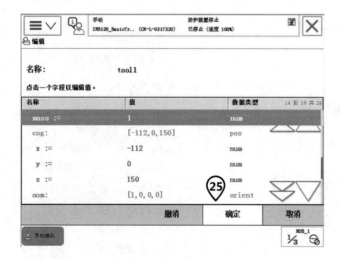

㉕ 在此界面中，根据实际情况设定工具的质量 mass（单位 kg）和重心位置数据（此重心是基于 tool0 的偏移值，单位 mm），然后单击"确定"。

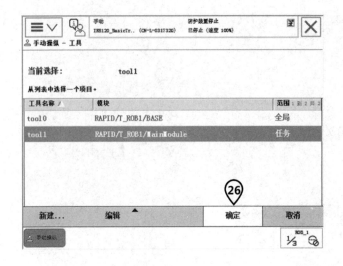

㉖ 选中"tool1",单击"确定"。

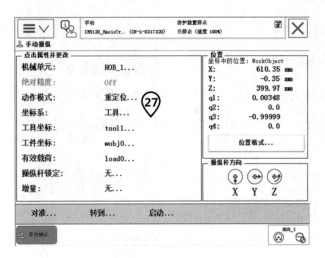

㉗ "动作模式"选定为"重定位…"。

"坐标系"选定为"工具…"。

"工具坐标"选定为"tool1…"。

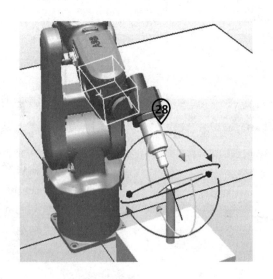

㉘ 使用摇杆将工具参考点靠上固定点,然后在重定位模式下手动操纵工业机器人,如果 TCP 设定精确,可以看到工具参考点与固定点始终保持接触,而工业机器人会根据重定位操作改变着姿态。

如果使用搬运的夹具，一般的工具数据设定方法如下：

以图 5-14 所示的搬运薄板的真空吸盘夹具为例，质量是 25kg，重心在默认 tool0 的 Z 正方向偏移 250mm，TCP 点设定在吸盘的接触面上，从默认 tool0 的 Z 正方向偏移 300mm。

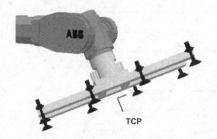

图 5-14　搬运夹具示例

在示教器上的设定如下：

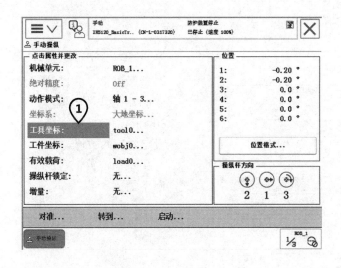

① 选择"工具坐标"。

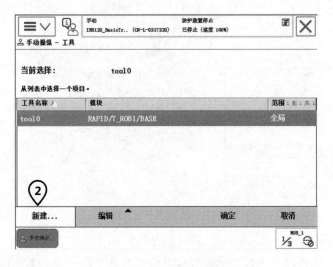

② 单击"新建..."。

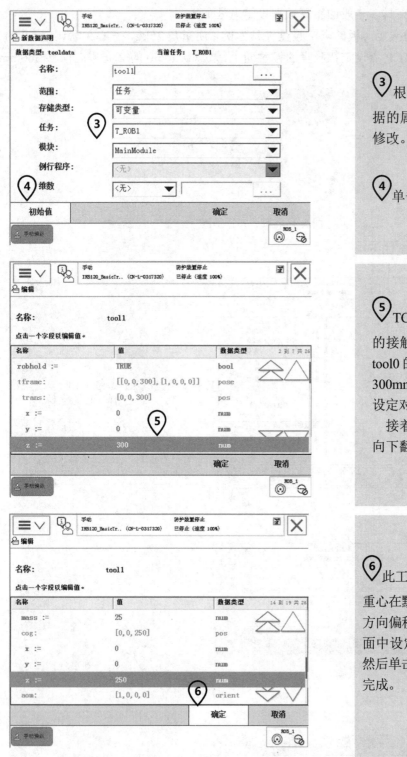

③根据需要设定数据的属性。一般不用修改。

④单击"初始值"。

⑤TCP 设定在吸盘的接触面上，从默认 tool0 的 Z 正方向偏移 300mm，在此界面中设定对应的数值。

接着单击黄色箭头向下翻页。

⑥此工具质量是 25kg，重心在默认 tool0 的 Z 正方向偏移 250mm，在界面中设定对应的数值，然后单击"确定"，设定完成。

2. 工件坐标数据 wobjdata 的设定

工件坐标系对应工件，它定义工件相对于大地坐标系（或其他坐标系）的位置。工业机器人可以拥有若干工件坐标系，或者表示不同工件，或者表示同一工件在不同位置的若干副本。

对工业机器人进行编程就是在工件坐标系中创建目标和路径（图 5-15～图 5-17）。这带来很多优点：

1）重新定位工作站中的工件时，只需更改工件坐标系的位置，所有路径将即刻随之更新。

2）允许操作以外轴或传送导轨移动的工件，因为整个工件可连同其路径一起移动。

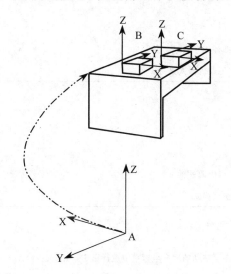

KEY　A 是工业机器人的大地坐标，为了方便编程，为第一个工件建立了一个工件坐标 B，并在这个工件坐标 B 中进行轨迹编程。

如果台子上还有一个一样的工件需要走一样的轨迹，只需建立一个工件坐标 C，将工件坐标 B 中的轨迹复制一份，然后将工件坐标从 B 更新为 C 即可。

图 5-15　在工件坐标系中创建目标和路径 1

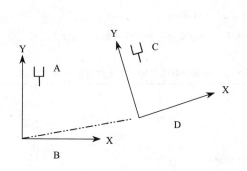

KEY　在工件坐标 B 中对 A 对象进行了轨迹编程。如果工件坐标的位置变化成工件坐标 D 后，只需在工业机器人系统重新定义工件坐标 D，则工业机器人的轨迹就自动更新到 C，不需要再次轨迹编程。因 A 相对于 B、C 相对于 D 的关系是一样的，并没有因为整体偏移而发生变化。

图 5-16　在工件坐标系中创建目标和路径 2

（1）wobjdata 数据组成　如果在运动指令中指定了工件，则目标点位置将基于该工件坐标系。优势如下：

1）便捷地手动输入位置数据，离线编程则可从图样中获得位置数值。

2）轨迹程序可以根据变化快速重新使用。如果移动了工作台，则仅需重新定义工作台工件坐标系即可。

3）可根据变化对工件坐标系进行补偿。利用传感器获得偏差数据来定位工件。

Wobjdata 由 5 个部分组成，见表 5-8。

表 5-8　Wobjdata 组件说明

组　件	说　明
robhold	robot hold 数据类型：bool 定义工业机器人是否夹持工件： 1）TRUE：工业机器人正夹持着工件，即使用了固定工具 2）FALSE：工业机器人未夹持工件，即工业机器人夹持工具
ufprog	user frame programmed 数据类型：bool 规定是否使用固定的用户坐标系： 1）TRUE：固定的用户坐标系 2）FALSE：可移动的用户坐标系，即使用协调外轴 也用于 MultiMove 系统的半协调或同步协调模式
ufmec	user frame mechanical unit 数据类型：string 与工业机器人协调移动的机械单元。仅在可移动的用户坐标系中进行指定（ufprog 为 FALSE） 指定系统参数中所定义的机械单元名称，例如 orbit_a
uframe	user frame 数据类型：pose 用户坐标系，即当前工作面或固定装置的位置： 1）坐标系原点的位置（X、Y 和 Z），以 mm 计。 2）坐标系的旋转，表示为一个四元数（q1、q2、q3 和 q4）。 如果工业机器人正夹持着工具，则在大地坐标系中定义用户坐标系（如果使用固定工具，则在腕坐标系中定义） 对于可移动的用户坐标系（ufprog 为 FALSE），由系统对用户坐标系进行持续定义
oframe	object frame 数据类型：pose 目标坐标系，即当前工件的位置： 1）坐标系原点的位置（X、Y 和 Z），以 mm 计 2）坐标系的旋转，表示为一个四元数（q1、q2、q3 和 q4） 在用户坐标系中定义目标坐标系

工件数据 Wobjdata 示例如下：

PERS wobjdata wobj1 :=[FALSE, TRUE, "", [[300, 600, 200], [1, 0,0 ,0]], [[0, 200, 30], [1, 0, 0 ,0]]];

工件数据 wobj1 定义内容如下：

1）工业机器人未夹持着工件。

2）使用固定的用户坐标系。

3）用户坐标系不旋转，且在大地坐标系中用户坐标系的原点为 X=300mm、Y=600mm 和 Z=200mm。

4）目标坐标系不旋转，且在用户坐标系中目标坐标系的原点为 X=0、Y=200mm 和 Z=30mm。

（2）wobjdata 数据的设定   在对象的平面上，只需定义三个点就可以建立一个工件坐标系，如图 5-17 所示。

1）X1、X2 确定工件坐标 X 正方向。

2）Y1 确定工件坐标 Y 正方向。

3）工件坐标系的原点是 Y1 在工件坐标 X 上的投影。

工件坐标系符合右手定则，如图 5-18 所示，可判断坐标系的各轴正负方向以及参考各轴的旋转正负方向。

建立工件坐标系的操作步骤如下：

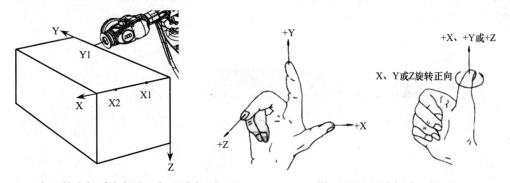

图 5-17   在工件坐标系中创建目标和路径 3   图 5-18   右手定则

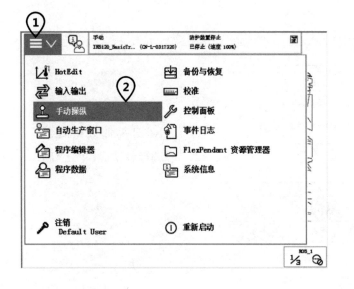

① 单击左上角主菜单按钮。

② 选择"手动操纵"。

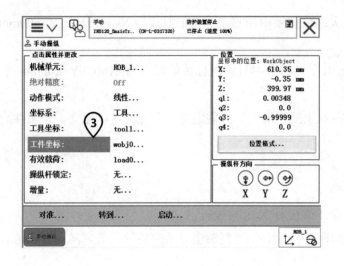

③ 选择"工件坐标"。

④ 单击"新建..."。

⑤ 对工件数据属性进行设定后，单击"确定"。

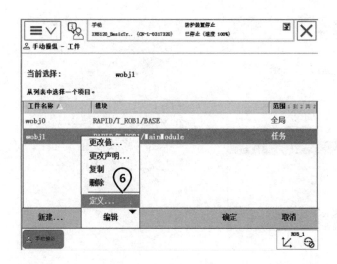

⑥ 选中"wobj1",单击"编辑"菜单中的"定义"选项。

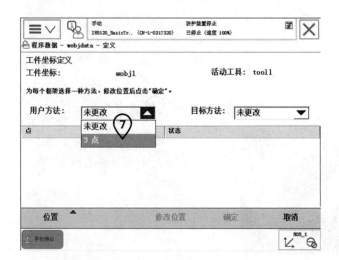

⑦ "用户方法"选择"3 点"。

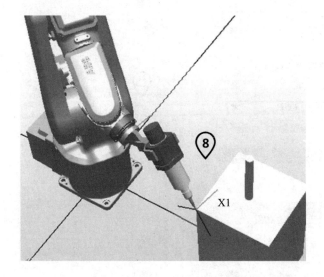

⑧ 手动操作工业机器人的工具参考点靠近定义工件坐标系的 X1 点。

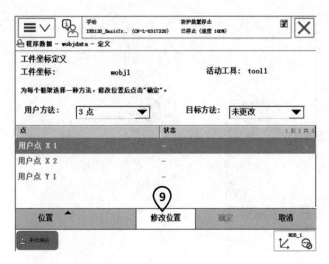

⑨ 选中"用户点 X 1", 单击"修改位置", 将 点 X 1 位置记录下来。

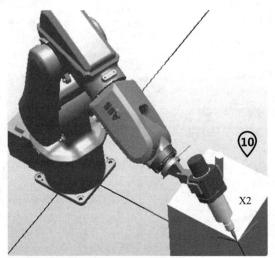

⑩ 手动操作工业机 器人的工具参考点靠 近定义工件坐标系的 X 2 点。

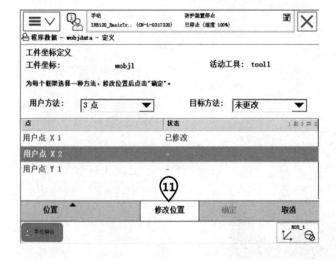

⑪ 选中"用户点 X 2", 单击"修改位置", 将点 X 2 位置记录下来。

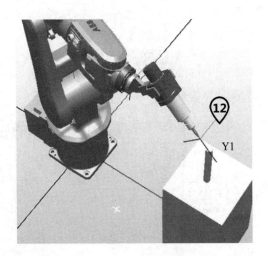

Y1

⑫手动操作工业机器人的工具参考点靠近定义工件坐标系的Y1点。

手动	防护装置停止			
IRB120_BasicTr.. (CN-L-0317320)	已停止 (速度 100%)			

程序数据 - wobjdata - 定义

工件坐标定义

工件坐标:　　　　wobj1　　　　　活动工具: tool1

为每个框架选择一种方法,修改位置后点击"确定"。

用户方法:　[3 点　▼]　　　　目标方法:　[未更改　▼]

点	状态	1 到 3 共 3
用户点 X 1	已修改	
用户点 X 2	已修改	
用户点 Y 1	—	

位置 ▲	修改位置	确定	取消

手动操纵

⑬选中"用户点 Y1",单击"修改位置",将点 Y1 位置记录下来。

手动	防护装置停止			
IRB120_BasicTr.. (CN-L-0317320)	已停止 (速度 100%)			

程序数据 - wobjdata - 定义

工件坐标定义

工件坐标:　　　　wobj1　　　　　活动工具: tool1

为每个框架选择一种方法,修改位置后点击"确定"。

用户方法:　[3 点　▼]　　　　目标方法:　[未更改　▼]

点	状态	1 到 3 共 3
用户点 X 1	已修改	
用户点 X 2	已修改	
用户点 Y 1	已修改	

位置 ▲	修改位置	确定	取消

手动操纵

⑭单击"确定",完成设定。

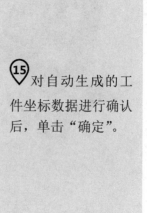

⑮ 对自动生成的工件坐标数据进行确认后，单击"确定"。

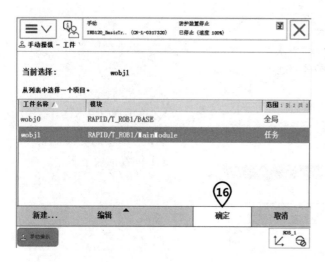

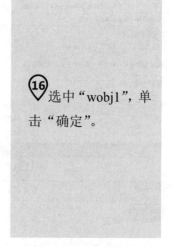

⑯ 选中"wobj1"，单击"确定"。

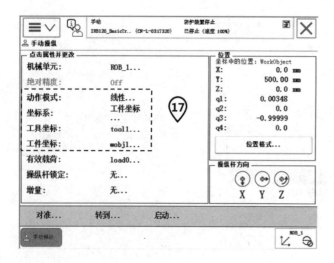

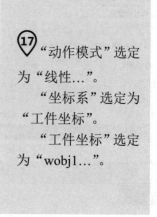

⑰ "动作模式"选定为"线性…"。

"坐标系"选定为"工件坐标"。

"工件坐标"选定为"wobj1…"。

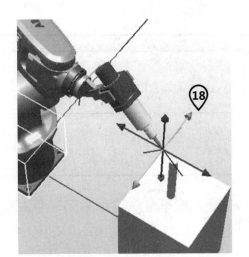

(18) 设定手动操纵界面项目，使用线性动作模式，体验新建立的工件坐标系。

3. 有效载荷数据 loaddata 的设定

对于搬运应用的工业机器人，应该正确设定夹具的质量、重心 tooldata 以及搬运对象的质量和重心数据 loaddata。

（1）loaddata 数据组成　loaddata 用于设置工业机器人轴 6 上安装法兰的负载载荷数据，如图 5-19 所示。

有效载荷数据常常定义工业机器人的有效负载或抓取物的负载（通过指令 GripLoad 或 MechUnitLoad 来设置），即工业机器人夹具所夹持的负载。同时将 loaddata 作为 tooldata 的组成部分，以描述工具负载。

loaddata 由 6 个部分组成，见表 5-9。

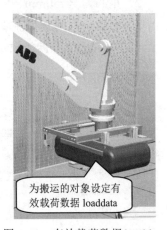

为搬运的对象设定有效载荷数据 loaddata

图 5-19　有效载荷数据 loaddata

表 5-9　loaddata 组件说明

组　　件	说　　明
mass	数据类型：num 负载的质量，单位 kg
cog	center of gravity 数据类型：pos 如果工业机器人正夹持着工具，则有效负载的重心是相对于工具坐标系的，单位 mm 如果使用固定工具，则有效负载的重心是相对于工业机器人的可移动的工件坐标系
aom	axes of moment 数据类型：orient 矩轴的方向姿态是指处于 cog 位置的有效负载惯性矩的主轴 如果工业机器人正夹持着工具，则方向姿态是相对于工具坐标系的 如果使用固定工具，则方向姿态是相对于可移动的工件坐标系的
ix	inertia x 数据类型：num 负载绕着 X 轴的转动惯量，单位 $kg \cdot m^2$ 正确定义转动惯量，则会合理利用路径规划器和轴控制器。当处理大块金属板等时，该参数尤为重要。所有等于 $0\ kg \cdot m^2$ 的转动惯量 ix、iy 和 iz 均指一个点质量

（续）

组　件	说　明
iy	inertia y 数据类型：num 负载绕着 Y 轴的转动惯量，单位 kg·m² 更多信息参见 ix
iz	inertia z 数据类型：num 负载绕着 Z 轴的转动惯量，单位 kg·m² 更多信息参见 ix

有效载荷数据 loaddata 示例如下：

PERS loaddata piece1 := [5, [50, 0, 50], [1, 0, 0, 0], 0, 0, 0];

有效载荷数据 piece1 定义的内容如下：

1）质量为 5 kg。

2）重心为 X=50mm、Y=0 和 Z=50 mm，相对于工具坐标系。

3）有效负载为一个点质量。

（2）loaddata 数据的设定　有效载荷数据 loaddata 的创建步骤如下：

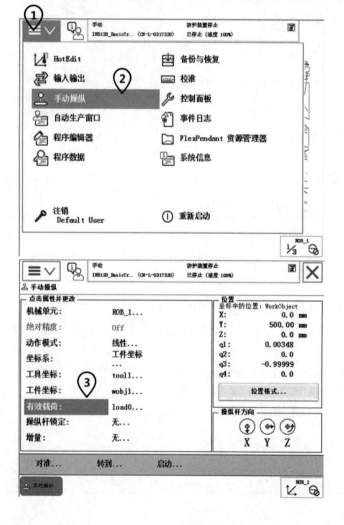

① 单击左上角主菜单按钮。

② 选择"手动操纵"。

③ 选择"有效载荷"。

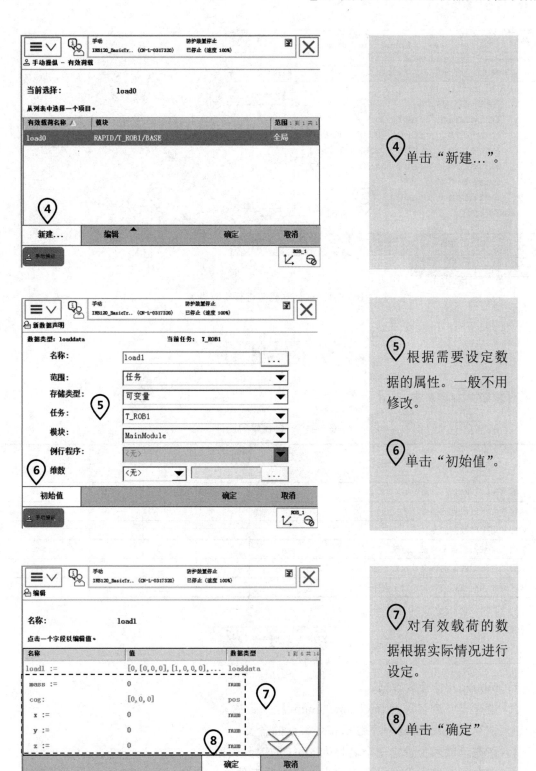

④ 单击"新建…"。

⑤ 根据需要设定数据的属性。一般不用修改。

⑥ 单击"初始值"。

⑦ 对有效载荷的数据根据实际情况进行设定。

⑧ 单击"确定"

在 RAPID 编程中，需要对有效载荷进行实时调整，如图 5-20 所示。

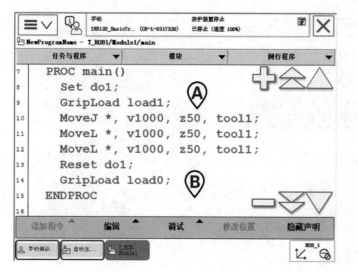

图 5-20　对有效载荷进行实时调整

A 夹具夹紧。

指定当前搬运对象的质量和重心 load1。

B 夹具松开。

将搬运对象清除为 load0。

学 习 测 评

自我学习测评见表 5-10。

表 5-10　自我学习测评

要　　求	自 我 评 价			备　注
	掌握	知道	再学	
了解 ABB 工业机器人编程的程序数据				
掌握建立程序数据的操作				
掌握常用程序数据的含义				
掌握工具数据的含义及设定方法				
掌握工件坐标数据的含义及设定方法				
掌握有效载荷数据的含义及设定方法				

练 习 题

1. robtarget 是什么数据？
2. 请建立一个名称为 flagNum 的 num 程序数据。
3. 请写出 speeddata 程序数据 4 个参数的含义。
4. 请在示教器上设定一个名称为 tool1 的工具数据。
5. 请在示教器上设定一个名称为 wobj1 的工件坐标数据。
6. 请在示教器上设定一个名称为 load1 的有效载荷数据。

项目 6 ABB 工业机器人程序编写实战

任务目标

- ➤ 了解 ABB 工业机器人编程语言 RAPID
- ➤ 了解任务、程序模块、例行程序
- ➤ 掌握常用的 RAPID 指令
- ➤ 学会建立一个可以运行的基本 RAPID 程序
- ➤ 掌握中断程序 TRAP
- ➤ 掌握功能（FUNCTION）的使用
- ➤ 认识带参数的例行程序的使用
- ➤ 了解 RAPID 指令的分类与应用

任务描述

通过本项目的学习,可以了解 ABB 工业机器人编程语言 RAPID 的基本概念及其任务、模块、例行程序之间的关系，掌握常用 RAPID 指令和中断程序的用法。

任务 6-1 理解什么是任务、程序模块和例行程序

工作任务

- ➤ 理解 RAPID 的程序构成
- ➤ 理解任务、程序模块和例行程序的定义

RAPID 是一种基于计算机的高级编程语言，易学易用，灵活性强；支持二次开发，中断、错误处理，多任务处理等高级功能。

RAPID 程序中包含了一连串控制工业机器人的指令，执行这些指令可以实现对工业机器人的控制操作。

应用程序是由称为 RAPID 编程语言的特定词汇和语法编写而成的,所包含的指令不仅可以移动工业机器人、设置输出、读取输入,而且还能实现决策、重复其他指令、构造程序、与系统操作员交流等功能。

RAPID 程序的基本架构见表 6-1。

表 6-1　RAPID 程序的基本架构

RAPID 程序（任务）			
程序模块 1	程序模块 2	程序模块 3	系统模块
程序数据	程序数据	……	程序数据
主程序 main	例行程序	……	例行程序
例行程序	中断程序	……	中断程序
中断程序	功能	……	功能
功能		……	

关于 RAPID 程序的架构说明:

1) 一个 RAPID 程序称为一个任务,任务是由一系列的模块组成,模块有程序模块与系统模块两种。一般只通过新建程序模块来构建工业机器人的程序,而系统模块多用于系统方面的控制。

2) 可以根据不同的用途创建多个程序模块,如专门用于主控制的程序模块,用于位置计算的程序模块,用于存放数据的程序模块,这样的目的在于方便归类管理不同用途的例行程序与数据。

3) 每一个程序模块包含程序数据、例行程序、中断程序和功能四种对象,但不一定在一个模块中都有这四种对象的存在,程序模块之间的数据、例行程序、中断程序和功能是可以互相调用的。

4) 在 RAPID 程序中,只有一个主程序 main,存在于任意一个程序模块中,并且是整个 RAPID 程序执行的起点。

例如:

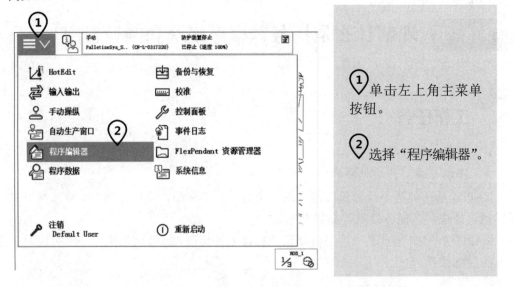

① 单击左上角主菜单按钮。

② 选择"程序编辑器"。

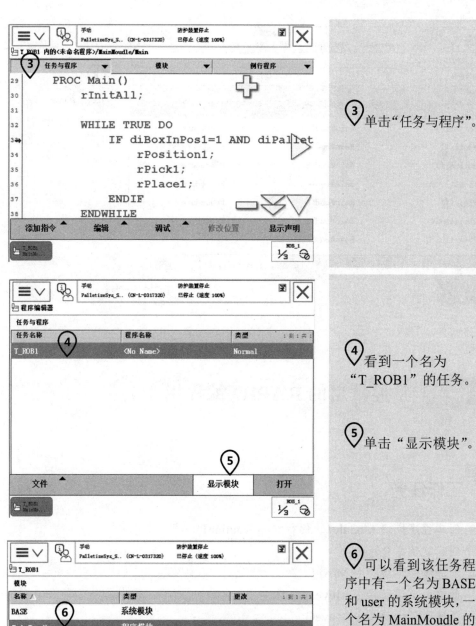

③ 单击"任务与程序"。

④ 看到一个名为 "T_ROB1" 的任务。

⑤ 单击"显示模块"。

⑥ 可以看到该任务程序中有一个名为 BASE 和 user 的系统模块，一个名为 MainMoudle 的程序模块，选中 "MainMoudle"。

⑦ 单击"显示模块"，则可以查看到该模块里的所有例行程序。

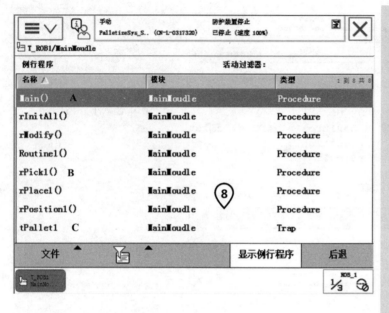

⑧ 选中某一个例行程序，单击"显示例行程序"，则可以查看其中的代码。

任务 6-2　掌握常用的 RAPID 编程指令

工作任务

- 创建程序模块 Module1、例行程序 Routine1
- 创建赋值指令：=
- 创建线性运动指令 MoveL
- 创建关节运动指令 MoveJ
- 创建圆弧运动指令 MoveC
- 创建绝对位置运动指令 MoveAbsJ
- 创建 I/O 控制指令
- 创建条件逻辑判断指令
- 创建等待指令
- 创建其他常用指令

ABB 工业机器人的 RAPID 编程提供了丰富的指令来完成各种简单及复杂的应用。下面从最常用的指令开始学习 RAPID 编程，领略 RAPID 丰富的指令集为我们提供的编程便利性。

用示教器进行指令编辑的基本操作如下：

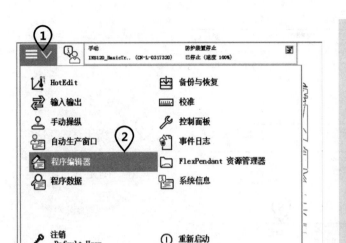

①单击左上角主菜单按钮。

②选择"程序编辑器"。

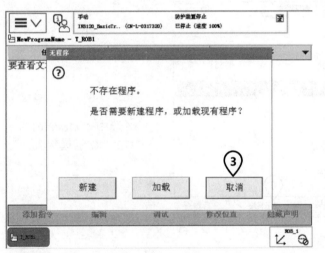

③单击"取消"。

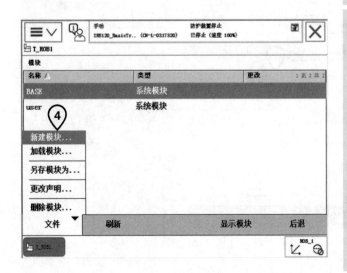

④单击左下角"文件"菜单里的"新建模块…"。

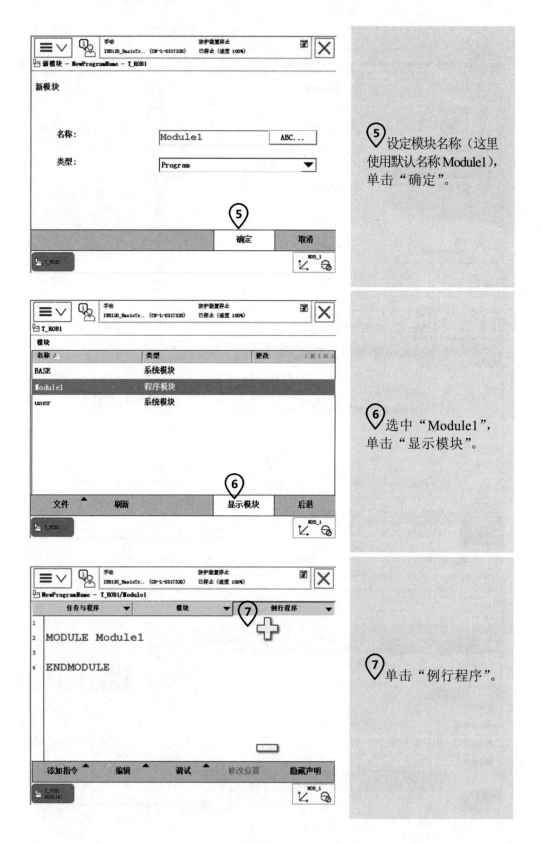

⑤设定模块名称（这里使用默认名称Module1），单击"确定"。

⑥选中"Module1"，单击"显示模块"。

⑦单击"例行程序"。

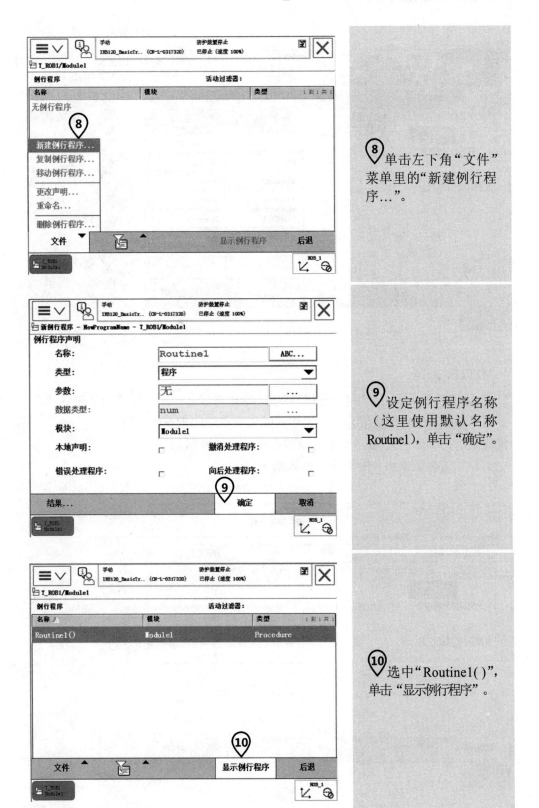

⑧ 单击左下角"文件"菜单里的"新建例行程序…"。

⑨ 设定例行程序名称（这里使用默认名称 Routine1），单击"确定"。

⑩ 选中"Routine1( )"，单击"显示例行程序"。

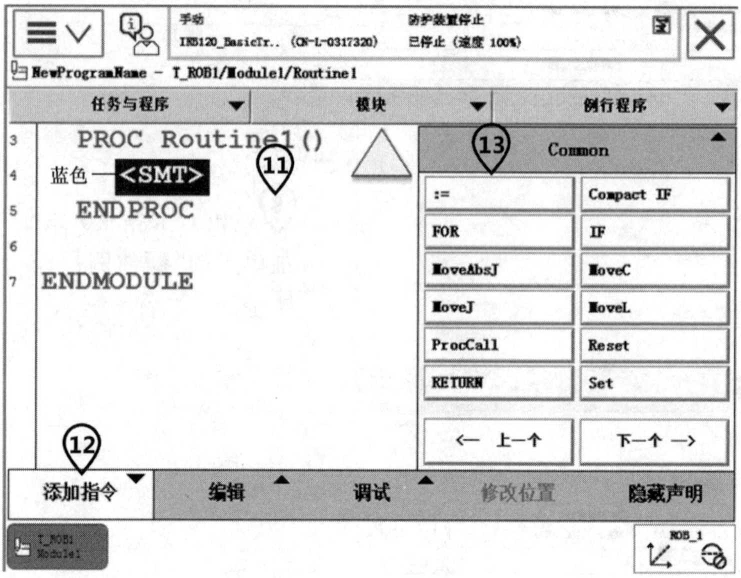

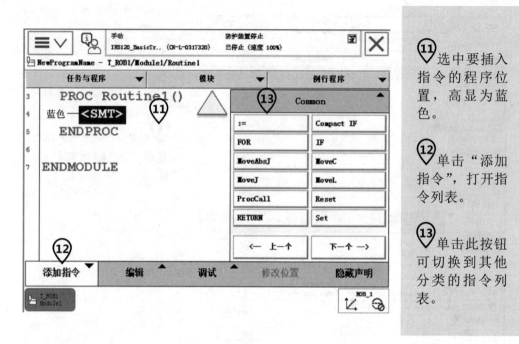

⑪选中要插入指令的程序位置，高显为蓝色。

⑫单击“添加指令”，打开指令列表。

⑬单击此按钮可切换到其他分类的指令列表。

1．赋值指令：=

“:=”赋值指令用于对程序数据进行赋值。赋值可以是一个常量或数学表达式。下面以添加一个常量赋值与数学表达式赋值来说明此指令的使用。

常量赋值：reg1 := 5；数学表达式赋值：reg2 := reg1+4。

（1）添加常量赋值指令的操作 具体如下：

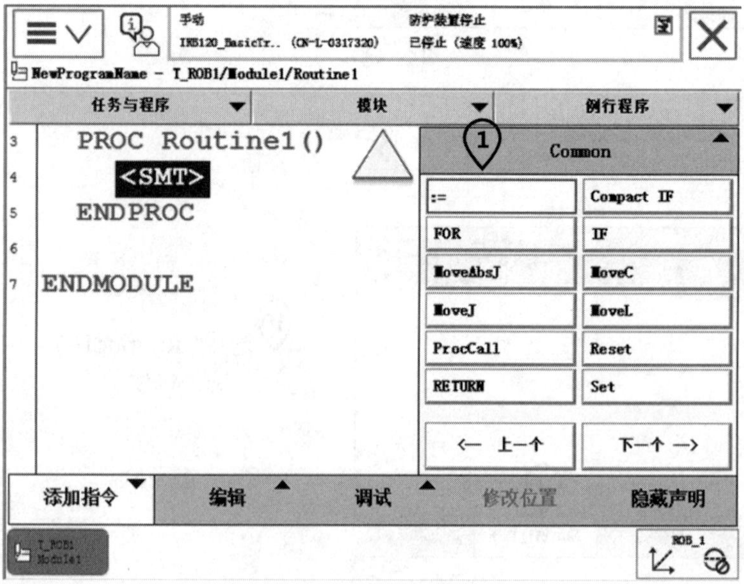

①在指令列表中选择“:=”。

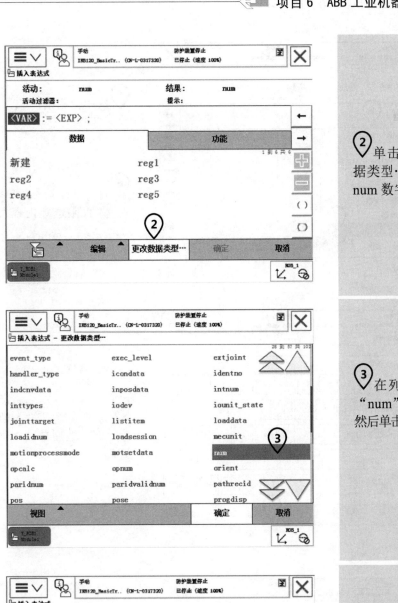

② 单击"更改数据类型…",选择 num 数字型数据。

③ 在列表中找到 "num"并选中, 然后单击"确定"。

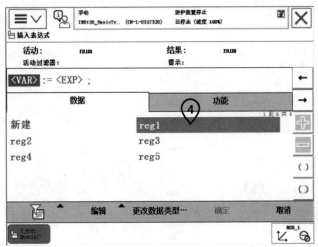

④ 选中"reg1"。

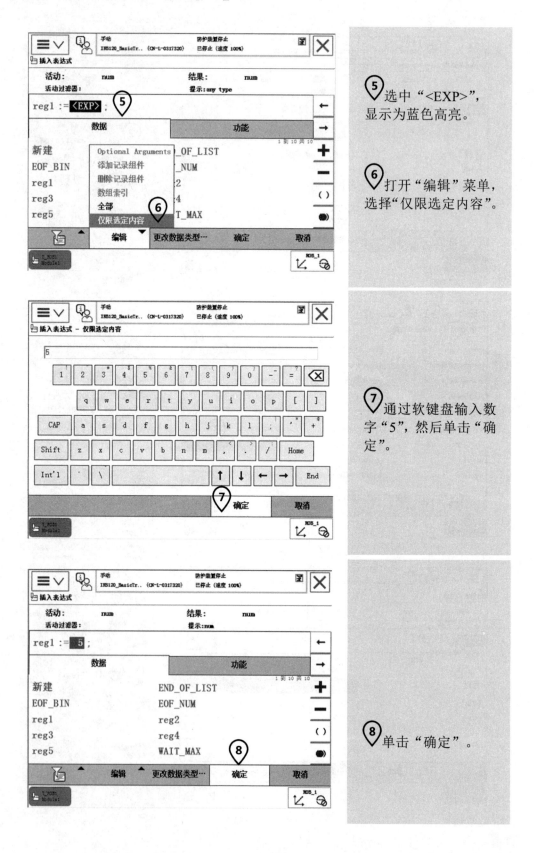

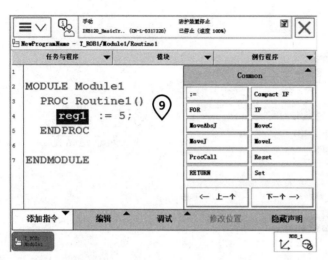

⑨ 在这里就能看到所增加的指令。

（2）添加带数学表达式的赋值指令的操作　具体如下：

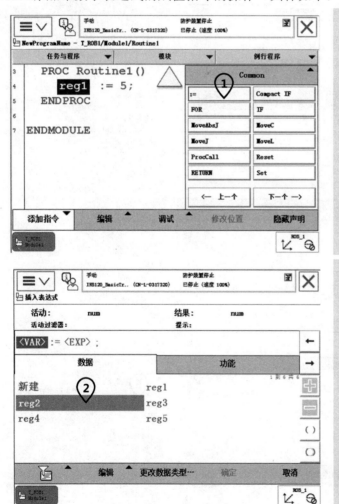

① 在指令列表中选择":="。

② 选中"reg2"。

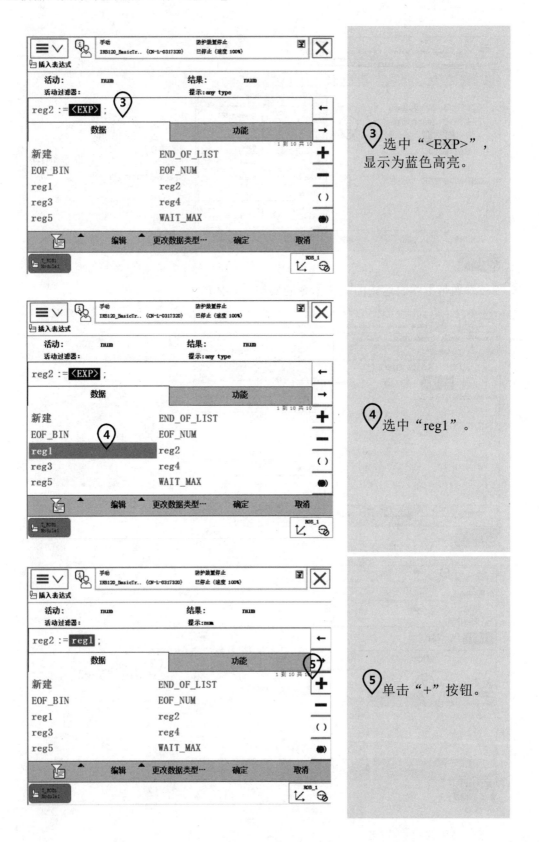

③ 选中 "<EXP>",
显示为蓝色高亮。

④ 选中 "reg1"。

⑤ 单击 "+" 按钮。

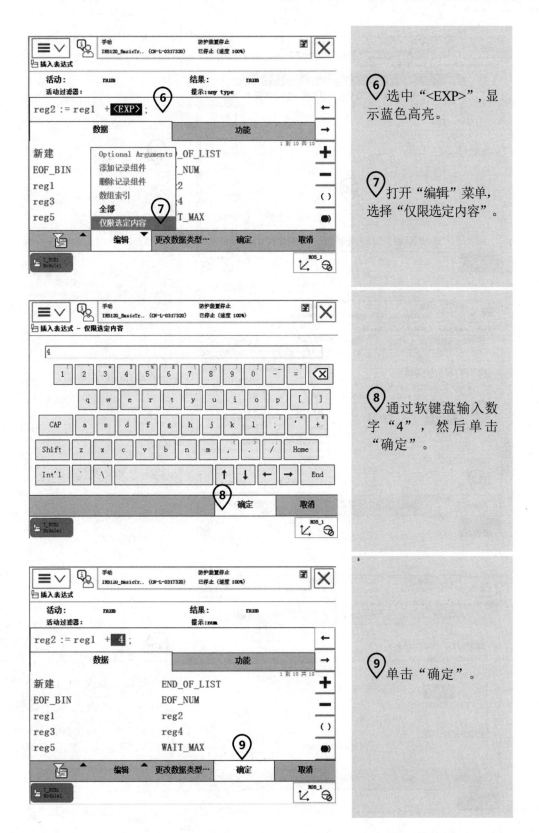

⑥ 选中 "<EXP>"，显示蓝色高亮。

⑦ 打开 "编辑" 菜单，选择 "仅限选定内容"。

⑧ 通过软键盘输入数字 "4"，然后单击 "确定"。

⑨ 单击 "确定"。

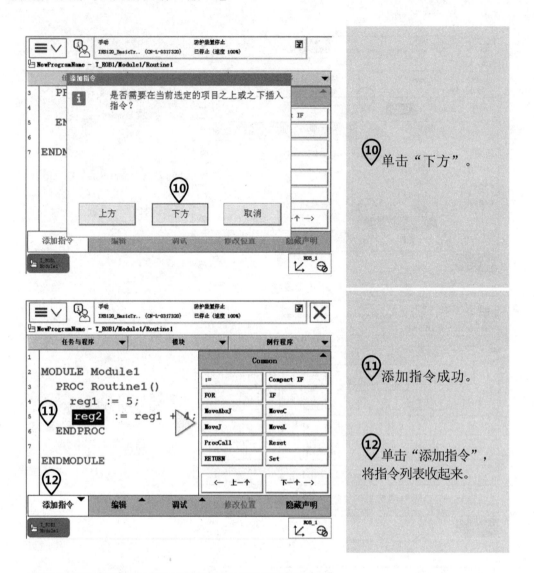

⑩ 单击"下方"。

⑪ 添加指令成功。

⑫ 单击"添加指令",将指令列表收起来。

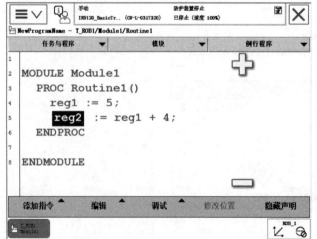

KEY 编程界面操作技巧

➕➖ 放大/缩小界面

△⬇ 向上/向下翻页

△▽ 向上/向下移动

2. 工业机器人运动指令

　　工业机器人在空间中进行运动主要是四种方式，关节运动（MoveJ）、线性运动（MoveL）、圆弧运动（MoveC）和绝对位置运动（MoveAbsJ）。

　　确认已选定工具坐标与工件坐标的操作如下：

KEY

　　在添加或修改工业机器人的运动指令之前，一定要确认所使用的工具坐标与工件坐标。

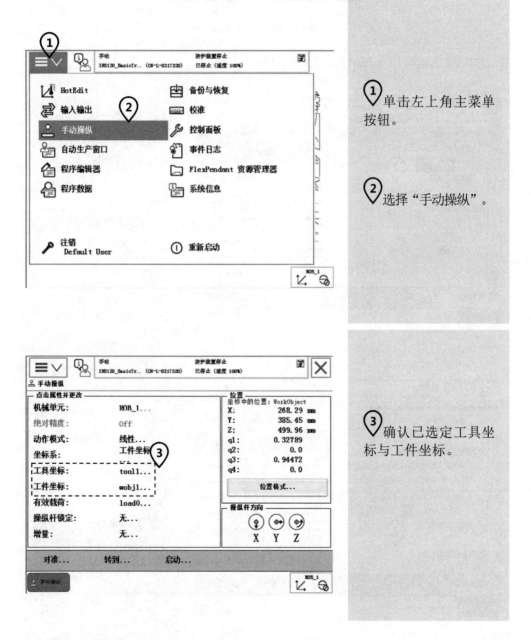

① 单击左上角主菜单按钮。

② 选择"手动操纵"。

③ 确认已选定工具坐标与工件坐标。

　　（1）线性运动指令 MoveL　　线性运动是工业机器人的 TCP 从起点到终点之间的路径

始终保持为直线，一般在焊接、涂胶等对路径要求高的场合使用此指令。

线性运动示意图如图 6-1 所示。

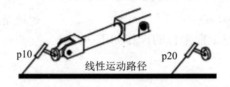

图 6-1　线性运动示意图

1）添加线性运动指令 MoveL 的操作如下：

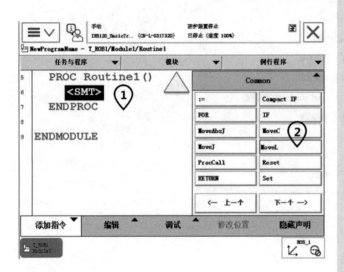

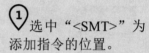

①　选中"<SMT>"为添加指令的位置。

②　在指令列表中选择"MoveL"。

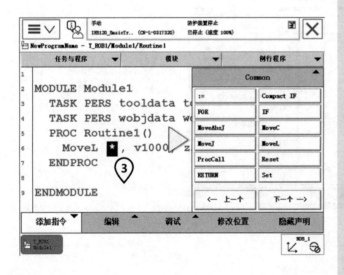

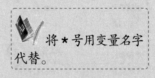

将∗号用变量名字代替。

③　选中∗号，显示为蓝色高亮，再单击"∗"号。

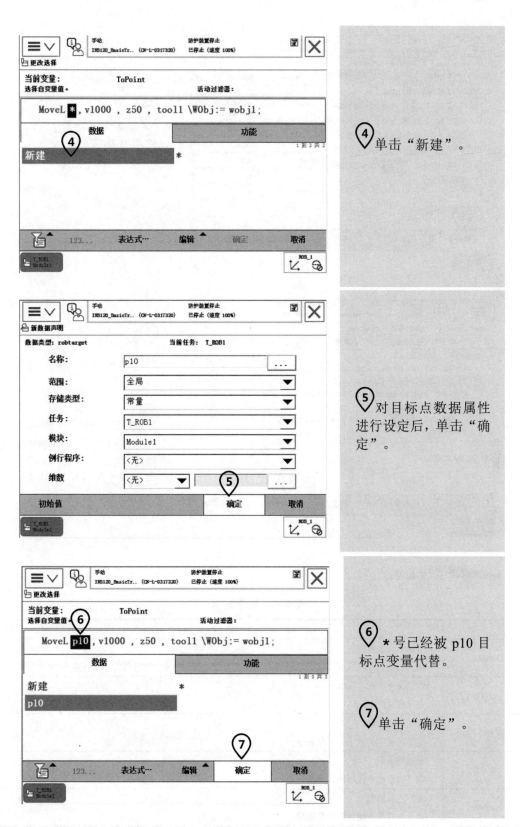

④ 单击"新建"。

⑤ 对目标点数据属性进行设定后，单击"确定"。

⑥ ＊号已经被 p10 目标点变量代替。

⑦ 单击"确定"。

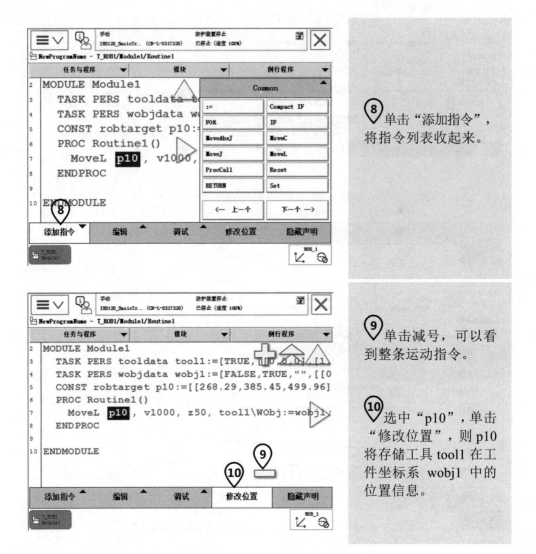

⑧ 单击"添加指令",将指令列表收起来。

⑨ 单击减号,可以看到整条运动指令。

⑩ 选中"p10",单击"修改位置",则 p10 将存储工具 tool1 在工件坐标系 wobj1 中的位置信息。

指令解析见表 6-2。

表 6-2 指令解析

参　　数	含　　义
p10	目标点位置数据 定义当前工业机器人 TCP 在工件坐标系中的位置,通过单击"修改位置"进行修改
v1000	运动速度数据,1000mm/s 定义速度(mm/s)
z50	转角区域数据 定义转弯区的大小,单位 mm
tool1	工具数据 定义当前指令使用的工具坐标
wobj1	工件坐标数据 定义当前指令使用的工件坐标

2）MoveL 指令的实际使用例子。

MoveL p1, v200, z10, tool1\Wobj:=wobj1;

工业机器人的 TCP 从当前位置向 p1 点（图 6-3）以线性运动方式前进，速度是 200mm/s，转弯区数据是 10mm，距离 p1 点还有 10mm 时开始转弯，使用的工具数据是 tool1，工件坐标数据是 wobj1。

MoveL p2, v100, fine, tool1\Wobj:=wobj1;

工业机器人的 TCP 从 p1 向 p2 点（图 6-3）以线性运动方式前进，速度是 100mm/s，转弯区数据是 fine，工业机器人在 p2 点稍作停顿，使用的工具数据是 tool1，工件坐标数据是 wobj1。

（2）关节运动指令 MoveJ 关节运动指令 MoveJ 是在对路径精度要求不高的情况下，工业机器人的 TCP 从一个位置移动到另一个位置，两个位置之间的路径不一定是直线，如图 6-2 所示。

KEY 关于速度

◇ 速度一般最高只有 5000mm/s

◇ 在手动限速状态下，所有的运动速度被限速在 250mm/s

关于转弯区

◇ fine 指工业机器人 TCP 达到目标点，在目标点速度降为零。工业机器人动作有所停顿然后再向下一点运动，如果是一段路径的最后一个点，一定要为 fine。

◇ 转弯区数值越大，工业机器人的动作路径就越圆滑与流畅。

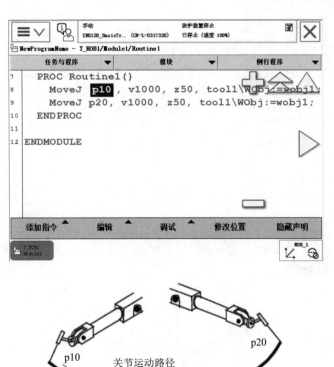

图 6-2 关节运动指令 MoveJ

关节运动指令适合工业机器人大范围运动时使用，不容易在运动过程中出现关节轴进入机械死点的问题。

指令：

MoveJ p3, v500, fine, tool1\Wobj:=wobj1;

工业机器人的 TCP 从 p2 向 p3 点（图 6-3）以关节运动方式前进，速度是 500mm/s，转弯区数据是 fine，工业机器人在 p3 点停止，使用的工具数据是 tool1，工件坐标数据是 wobj1。

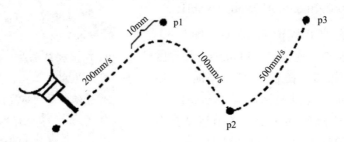

图 6-3　关节运动指令 MoveJ 示例

（3）圆弧运动指令 MoveC　圆弧运动路径是在工业机器人可到达的空间范围内定义三个位置点，第一个点是圆弧的起点，第二个点用于圆弧的曲率，第三个点是圆弧的终点，如图 6-4 所示。

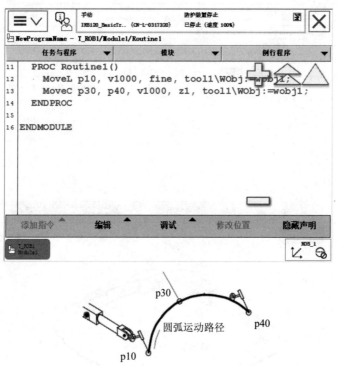

图 6-4　圆弧运动指令 MoveC

指令解析见表 6-3。

表 6-3　指令解析

参　　数	含　　义
p10	圆弧的第一个点
p30	圆弧的第二个点
P40	圆弧的第三个点
tool 1	工具数据，定义当前指令使用的工具坐标
wobj1	工件坐标数据，定义当前指令使用的工件坐标

（4）绝对位置运动指令 MoveAbsJ　绝对位置运动指令是工业机器人的运动使用 6 个轴和外轴的角度值来定义目标位置数据，如图 6-5 所示。

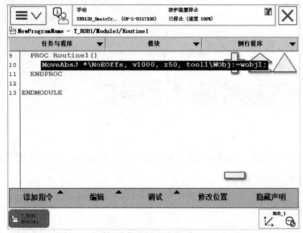

图 6-5　绝对位置运动指令 MoveAbsJ

3. I/O 控制指令

I/O 控制指令用于控制 I/O 信号，以达到与工业机器人周边设备进行通信的目的。下面介绍基本的 I/O 控制指令。

（1）Set 数字信号置位指令　Set 数字信号置位指令用于将数字输出（Digital Output）置位为"1"。

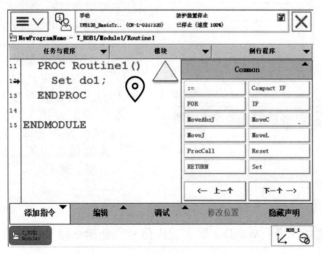

指令解析

参　　数	含　　义
do1	数字输出信号

（2）Reset 数字信号复位指令　Reset 数字信号复位指令用于将数字输出（Digital Output）置位为"0"。

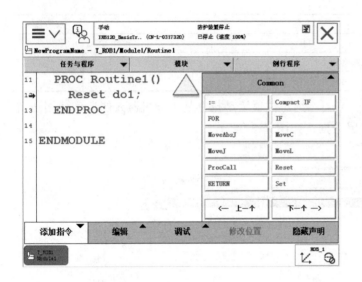

KEY　如果在 Set、Reset 指令前有运动指令 MoveJ、MoveL、MoveC、MoveAbsJ 的转变区数据，必须使用 fine 才可以准确地到达目标点，控制输出 I/O 信号状态的变化。

（3）WaitDI 数字输入信号判断指令　WaitDI 数字输入信号判断指令用于判断数字输入信号的值是否与目标值一致。

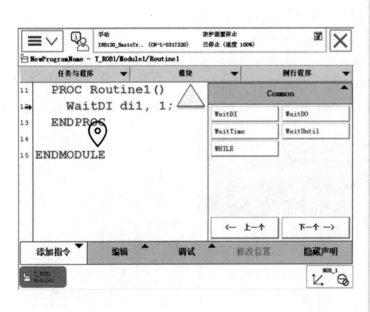

指令解析

参　　数	含　　义
di1	数字输入信号
1	判断的目标值

在例子中，程序执行此指令时，等待 di1 的值为 1。如果 di1 为 1，则程序继续往下执行；如果最大等待时间（此时间可通过引入\Maxtime 根据实际需要设定）到了后，di1 的值还不为 1，则工业机器人报警或进入出错处理程序。

（4）WaitDO 数字输出信号判断指令　WaitDO 数字输出信号判断指令用于判断数字输出信号的值是否与目标值一致。

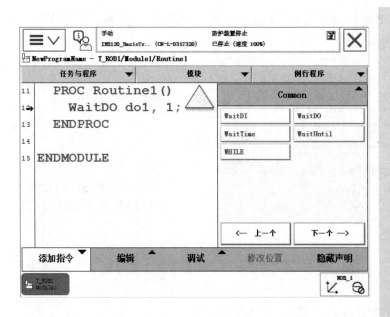

在例子中，程序执行此指令时，等待 do1 的值为 1。如果 do1 为 1，则程序继续往下执行；如果最大等待时间 300s（此时间可根据实际进行设定）到了后，do1 的值还不为 1，则工业机器人报警或进入出错处理程序。

（5）WaitUntil 信号判断指令　WaitUntil 信号判断指令可用于布尔量、数字量和 I/O 信号值的判断，如果条件达到指令中的设定值，程序继续往下执行，否则就一直等待，除非设定了最大等待时间。

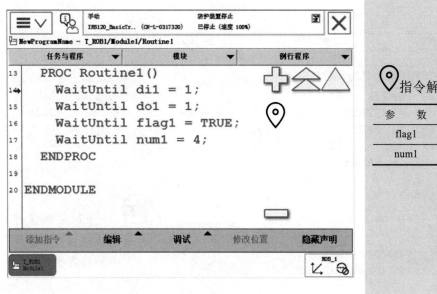

指令解析

参　　数	含　　义
flag1	布尔量
num1	数字量

4. 条件逻辑判断指令

条件逻辑判断指令用于对条件进行判断后执行相应的操作，是 RAPID 的重要组成部分。

（1）Compact IF 紧凑型条件判断指令　Compact IF 紧凑型条件判断指令用于当一个条件满足后，就执行一句指令。

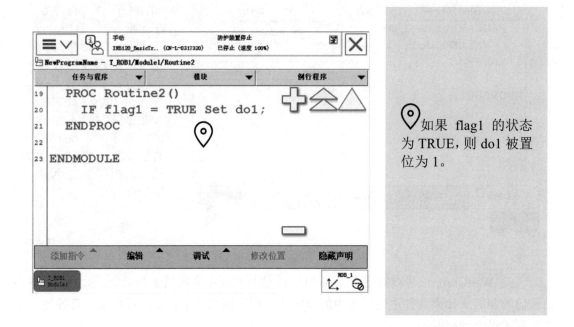

如果 flag1 的状态为 TRUE，则 do1 被置位为 1。

（2）IF 条件判断指令　IF 条件判断指令是根据不同的条件去执行不同的指令。

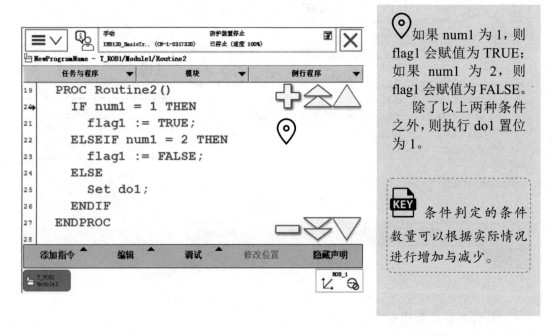

如果 num1 为 1，则 flag1 会赋值为 TRUE；如果 num1 为 2，则 flag1 会赋值为 FALSE。

除了以上两种条件之外，则执行 do1 置位为 1。

KEY　条件判定的条件数量可以根据实际情况进行增加与减少。

（3）FOR 重复执行判断指令　FOR 重复执行判断指令用于一个或多个指令需要重复执行指定次数的情况。

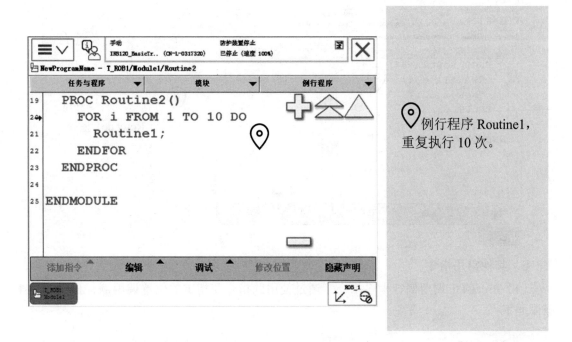

例行程序 Routine1，重复执行 10 次。

（4）WHILE 条件判断指令　WHILE 条件判断指令用于在给定的条件满足的情况下，一直重复执行对应的指令。

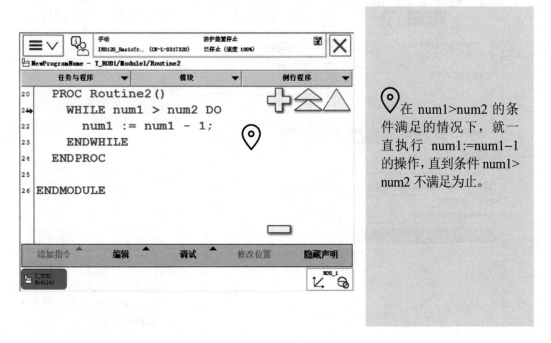

在 num1>num2 的条件满足的情况下，就一直执行 num1:=num1−1 的操作，直到条件 num1> num2 不满足为止。

5. 等待指令

WaitTime 时间等待指令用于程序在等待一个指定的时间后，再继续向下执行。

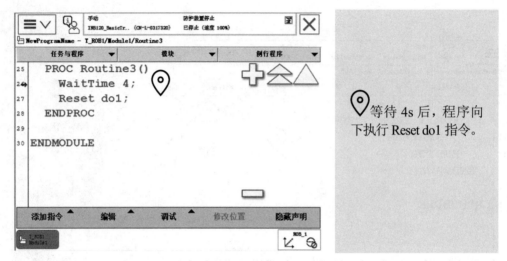

等待 4s 后，程序向下执行 Reset do1 指令。

6. 其他常用指令

（1）ProcCall 调用例行程序指令　通过使用此指令在指定的位置调用例行程序。具体操作如下：

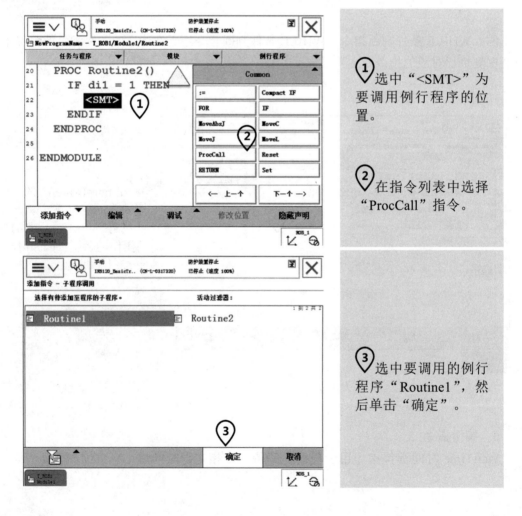

① 选中"<SMT>"为要调用例行程序的位置。

② 在指令列表中选择"ProcCall"指令。

③ 选中要调用的例行程序"Routine1"，然后单击"确定"。

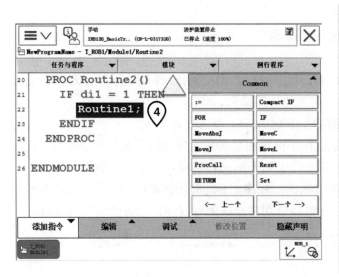

④调用例行程序指令执行的结果。

（2）RETURN 返回例行程序指令 当 RETURN 返回例行程序指令被执行时，则马上结束本例行程序的执行，程序指针返回到调用此例行程序的位置。

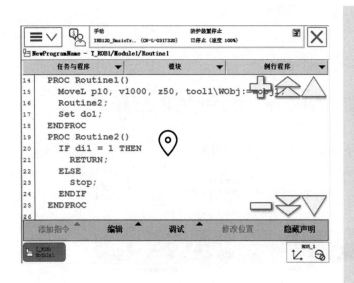

当 di1=1 时，执行 RETURN 指令，程序指针返回到调用 Routine2 的位置并继续向下执行 Set do1 这个指令。

任务 6-3 建立一个可以运行的基本 RAPID 程序

工作任务

➢ 建立一个基本的 RAPID 程序

> ➤ 对 RAPID 程序进行调试
> ➤ 掌握 RAPID 程序自动运行的操作
> ➤ 对 RAPID 程序模块进行保存

在之前的任务中，已了解 RAPID 程序编程的相关操作及基本的指令。现在就通过一个实例来体验一下 ABB 工业机器人便捷的程序编辑。

编制一个程序的基本流程是这样的（图 6-6、图 6-7）：

1）确定需要多少个程序模块。程序模块的数量是由应用的复杂性所决定的，比如可以将位置计算、程序数据、逻辑控制等分配到不同的程序模块，以方便管理。

2）确定各个程序模块中要建立的例行程序，不同的功能就放到不同的程序模块中，如夹具打开、夹具关闭这样的功能就可以分别建立成例行程序，以方便调用与管理。

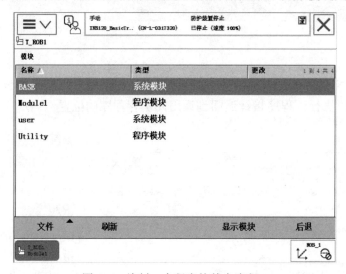

图 6-6　编制一个程序的基本流程 1

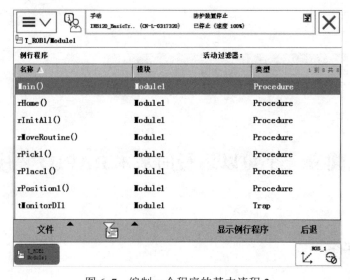

图 6-7　编制一个程序的基本流程 2

1. 建立一个基本的 RAPID 程序

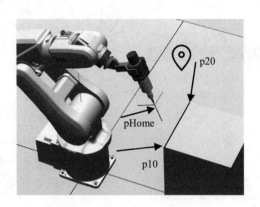

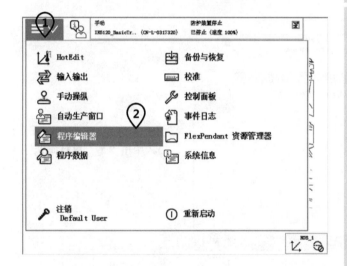

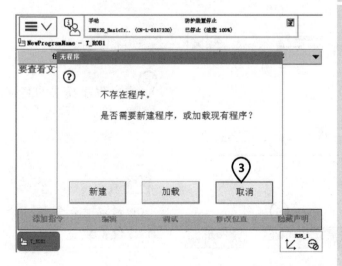

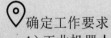确定工作要求

1）工业机器人空闲时，在位置点 pHome 等待。

2）如果外部信号 di1 输入为 1，则工业机器人沿着物体的一条边从 p10 到 p20 走一条直线，结束以后回到 pHome 点。

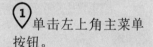

① 单击左上角主菜单按钮。

② 选择"程序编辑器"。

③ 单击"取消"。

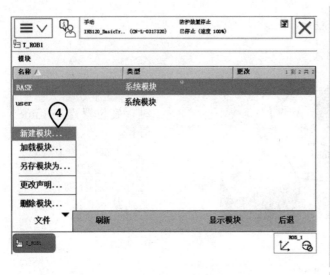

④单击左下角"文件"菜单里的"新建模块…"。

KEY 此应用比较简单，所以只需建一个程序模块就足够了。

⑤单击"是"进行确定。

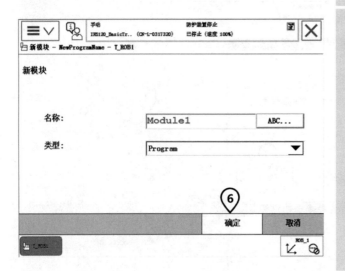

⑥定义程序模块的名称后，单击"确定"。

KEY 程序模块的名称可以根据需要定义，以方便管理。

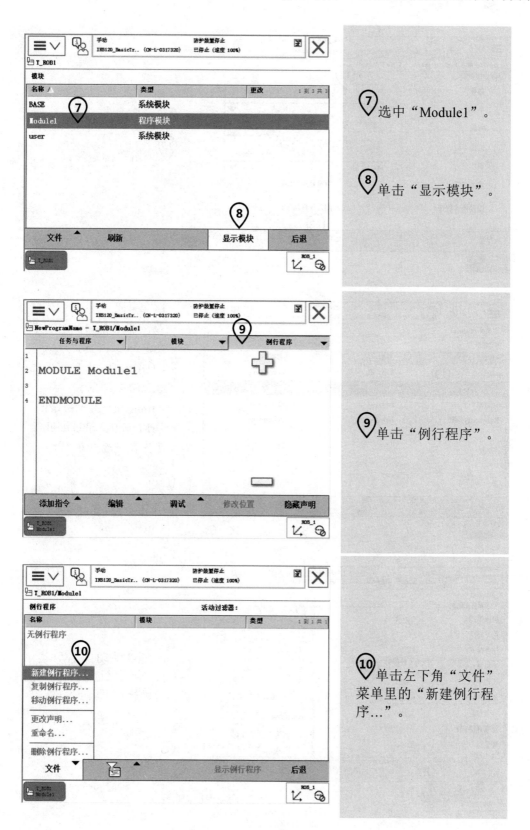

⑦选中"Module1"。

⑧单击"显示模块"。

⑨单击"例行程序"。

⑩单击左下角"文件"菜单里的"新建例行程序…"。

⑪ 建立一个主程序 main。

⑫ 单击"确定"。

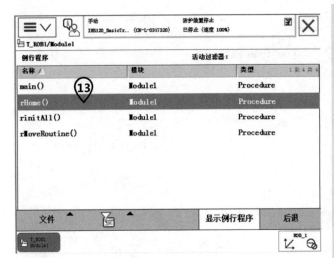

根据第 10～12 步骤建立相关的例行程序。

rHome() 用于工业机器人回等待位。

rinitAll() 用于初始化。

rMoveRoutine() 用于存放直线运动路径。

⑬ 选择"rHome()",然后单击"显示例行程序"。

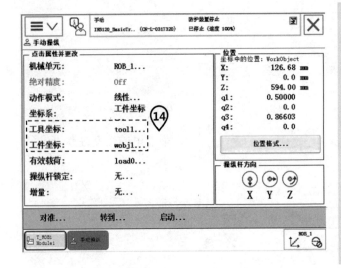

⑭ 在"手动操纵"菜单内,确认已选中要使用的工具坐标与工件坐标。

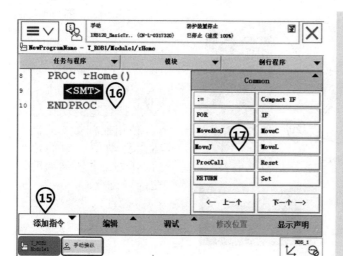

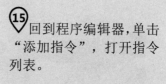 回到程序编辑器,单击"添加指令",打开指令列表。

 选中"<SMT>"为插入指令的位置。

 在指令列表中选择"MoveJ"。

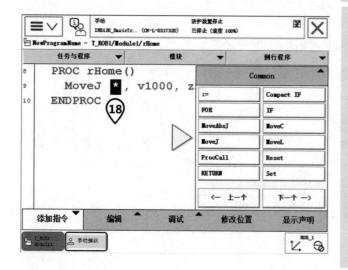

 双击"*",进入指令参数修改界面。

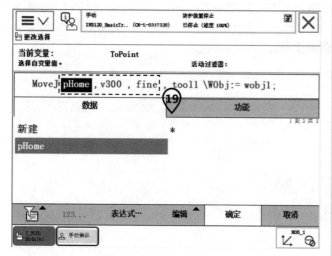

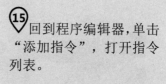 通过新建或选择对应的参数数据,设定为图中虚线框所示的数值。单击"确定"。

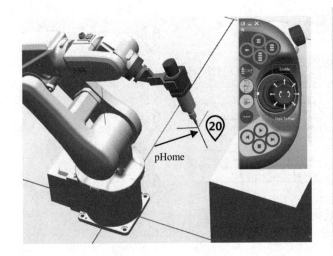

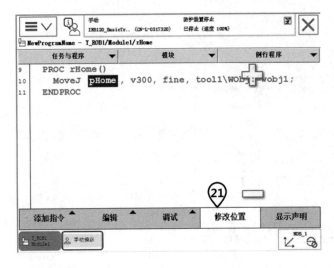

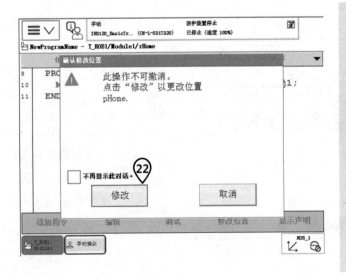

⑳ 选择合适的动作模式，使用摇杆将工业机器人运动到图中的位置，作为工业机器人的空闲等待点。

㉑ 选中"pHome"目标点，单击"修改位置"，将工业机器人的当前位置数据记录到pHome里。

㉒ 单击"修改"进行确认。

㉓ 单击"例行程序"标签。

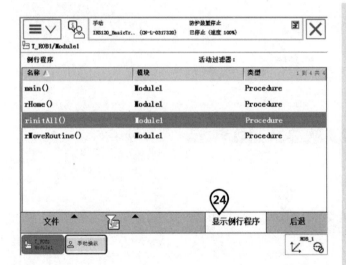

㉔ 选中"rinitAll()"例行程序，然后单击"显示例行程序"。

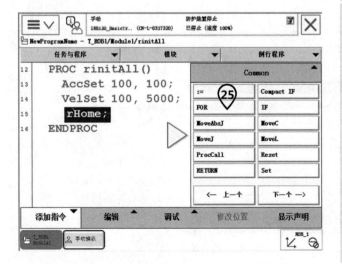

㉕ 在程序正式运行前，需要做初始化的内容有速度限定、夹具复位等。具体根据需要添加。

在此例行程序 rinitAll( ) 中，只增加了两条速度控制的指令（在添加指令列表的 Settings 类别中）和调用了回等待位的例行程序 rHome。

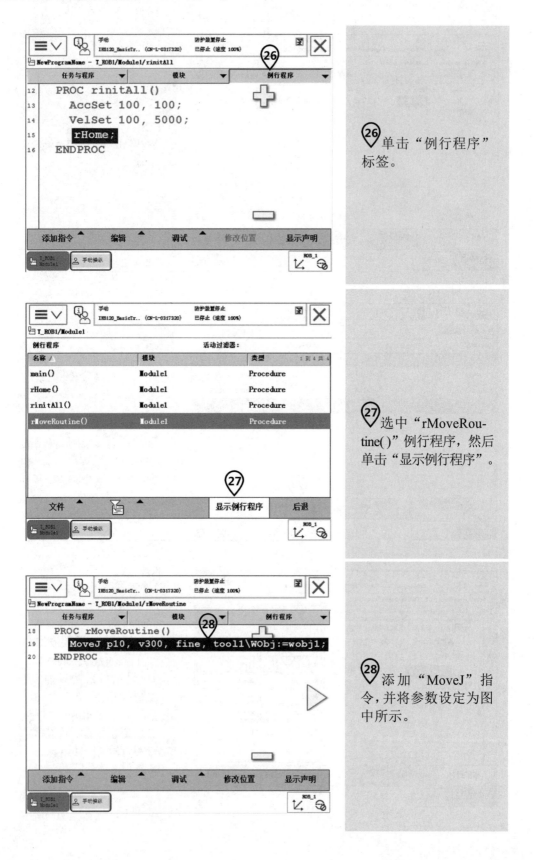

㉖单击"例行程序"标签。

㉗选中"rMoveRoutine( )"例行程序，然后单击"显示例行程序"。

㉘添加"MoveJ"指令，并将参数设定为图中所示。

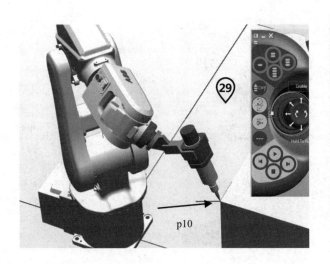

㉙ 选择合适的动作模式，使用摇杆将工业机器人运动到图中的位置，作为工业机器人的 p10 点。

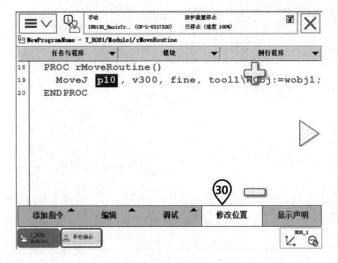

㉚ 选中 "p10" 目标点，单击 "修改位置"，将工业机器人的当前位置数据记录到 p10 里。

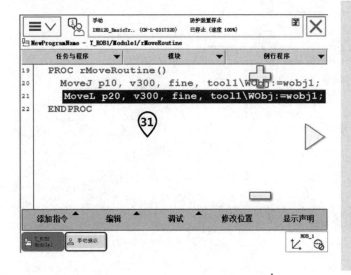

㉛ 添加 "MoveL" 指令，并将参数设定为图中所示。

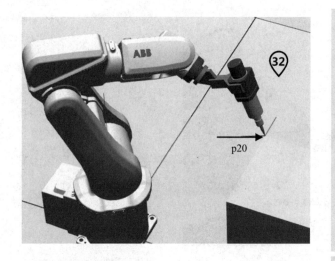

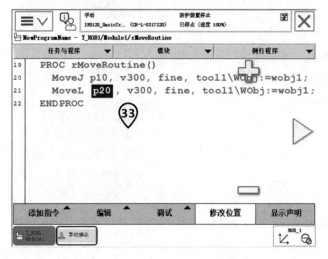

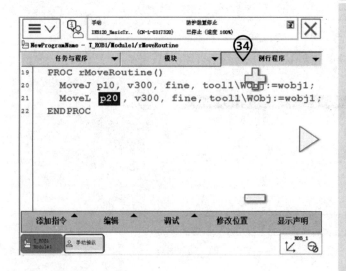

32 选择合适的动作模式，使用摇杆将工业机器人运动到图中的位置，作为工业机器人的 p20 点。

33 选中"p20"目标点，单击"修改位置"，将工业机器人的当前位置数据记录到 p20 里。

34 单击"例行程序"标签。

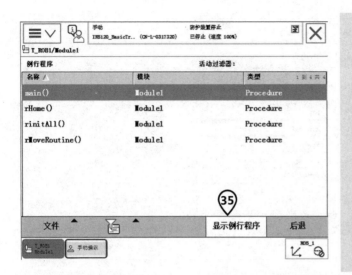

㉟ 选中"main( )"主程序，然后单击"显示例行程序"，进行程序主体架构的设定。

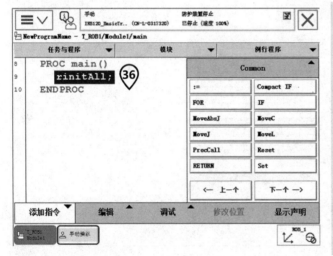

㊱ 在开始位置调用初始化例行程序。

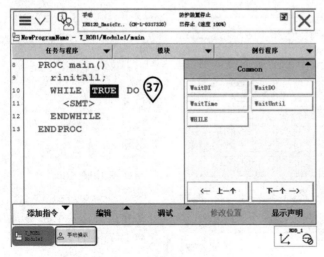

㊲ 添加"WHILE"指令，并将条件设定为"TRUE"。

KEY 使用 WHILE 指令构建一个死循环的目的在于将初始化程序与正常运行的路径程序隔离开。初始化程序只在一开始时执行一次，然后根据条件循环执行路径运动。

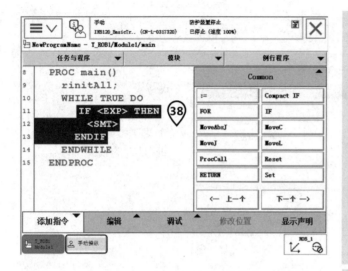

38 添加 "IF" 指令到图中所示位置。

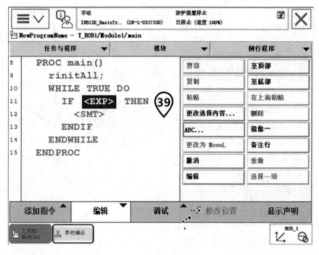

39 选择 "<EXP>", 然后打开 "编辑" 菜单，选择 "ABC..."。

40 使用软键盘输入 "di1=1", 然后单击 "确定"。

🔑 KEY 此处不能直接判断数字输出信号的状态，如 do1=1（这是错误的）。要使用功能 DOutput( )。

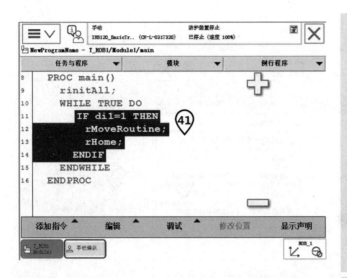

㊶ 在 IF 指令的循环中，调用两个例行程序 rMoveRoutine 和 rHome。

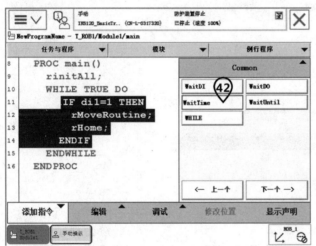

㊷ 在选中 IF 指令的下方，添加 WaitTime 指令，参数是 0.3s。

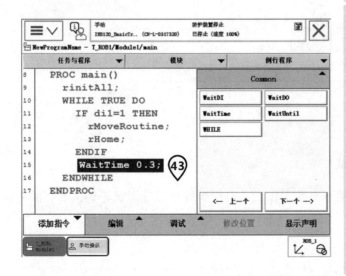

㊸ 主程序解读：

1）进入初始化程序进行相关初始化的设置。

2）进行 WHILE 的死循环，目的是将初始化程序隔离开。

3）如果 di1=1，则工业机器人执行对应的路径程序。

4）等待 0.3s 的目的是防止系统 CPU 过负荷。

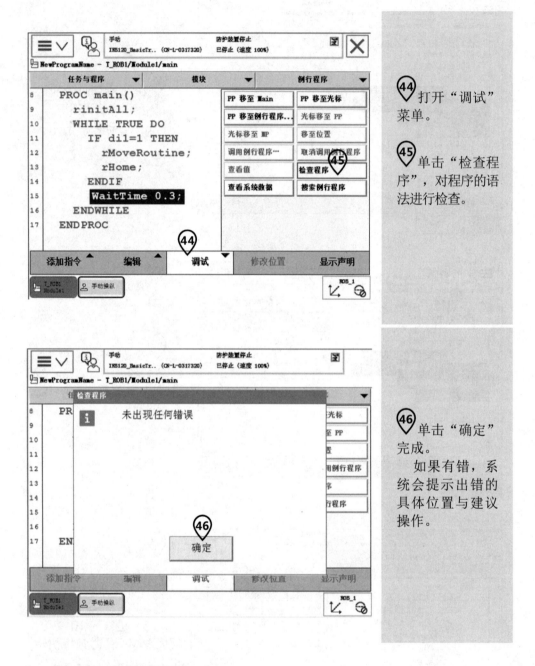

④ 打开"调试"菜单。

㊺ 单击"检查程序",对程序的语法进行检查。

㊻ 单击"确定"完成。

如果有错,系统会提示出错的具体位置与建议操作。

2. 对 RAPID 程序进行调试

在完成了程序编辑以后,接下来的工作就是对这个程序进行调试,调试的目的有以下两个:

1)检查程序的位置点是否正确。

2)检查程序的逻辑控制是否有不完善的地方。

（1）调试 rHome 例行程序

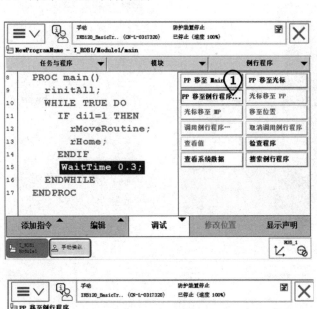

①打开"调试"菜单，选择"PP 移至例行程序…"。

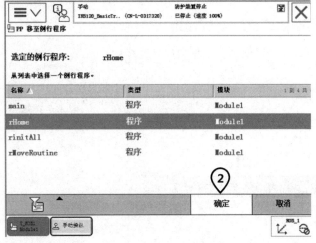

②选中"rHome"例行程序，然后单击"确定"。

③PP 是程序指针（左侧小箭头）的简称，程序指针永远指向将要执行的指令。所以图中的指令将会是被执行的指令。

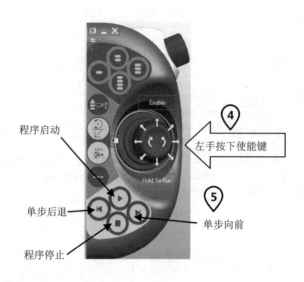

程序启动

左手按下使能键

单步后退

单步向前

程序停止

④ 左手按下使能键，进入"电机开启"状态。

⑤ 按下单步向前键，小心观察工业机器人的移动。

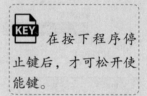
KEY 在按下程序停止键后，才可松开使能键。

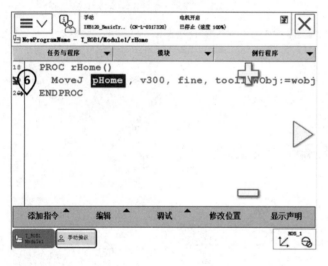

```
18  PROC rHome()
    MoveJ pHome , v300, fine, tool1\WObj:=wobj
    END PROC
```

添加指令   编辑   调试   修改位置   显示声明

⑥ 在指令左侧出现一个小机器人，说明工业机器人已到达 pHome 这个等待位置。

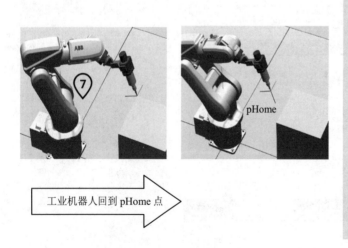

pHome

工业机器人回到 pHome 点

⑦ 工业机器人回到pHome 这个等待位置。

（2）调试 rMoveRoutine 例行程序

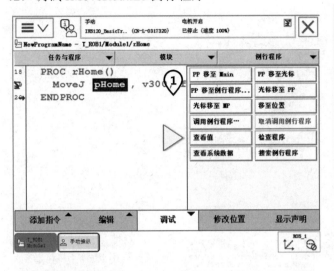

① 打开"调试"菜单，选择"PP 移至例行程序…"。

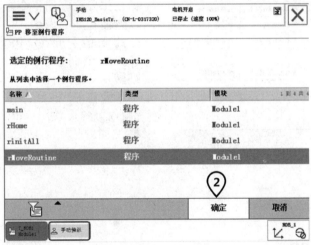

② 选中"rMoveRoutine"例行程序，然后单击"确定"。

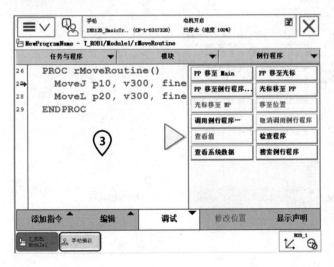

③ 单步进行调试运动指令的位置是否合适。

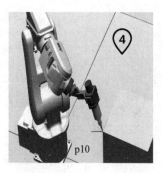

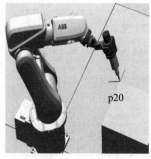

④工业机器人 TCP 从 p10 点到 p20 点进行线性运动。

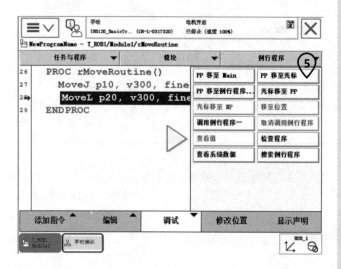

⑤选中要调试的指令后,使用"PP 移至光标"可以将程序指针移至想要执行的指令,以方便程序的调试。

此功能只能将 PP 在同一个例行程序中跳转。

如要将 PP 移至其他例行程序,可使用"PP 移至例行程序…"功能。

(3)调试 main 主程序

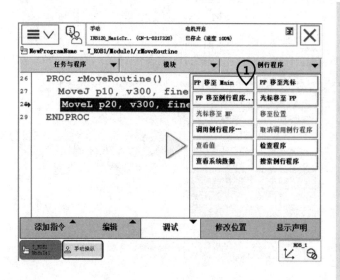

①打开"调试"菜单,选择"PP 移至 Main"。

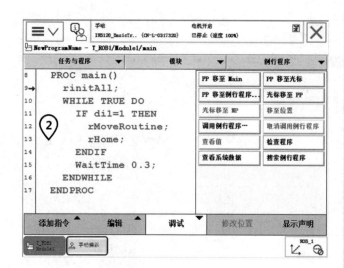

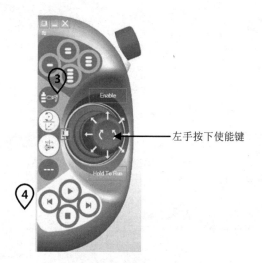

②PP 便会自动指向主
程序的第一句指令。

③左手按下使能键，进
入"电机开启"状态。

④按下"程序启动"
键，小心观察工业机器
人的移动。

KEY 在按下程序停
止键后，才可松开使
能键。

左手按下使能键

3. RAPID 程序自动运行的操作

在手动状态下完成了调试，并确认运动与逻辑控制正确后，就可以将工业机器人系统转入自动运行状态。以下就 RAPID 程序自动运行的操作进行说明。

①将状态钥匙左旋至
左侧的自动状态。

② 单击"确定",确认状态的切换。

③ 单击"PP移至Main",将 PP 指向主程序的第一句指令。

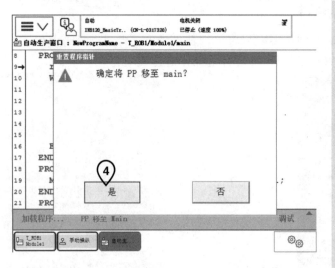

④ 单击"是"。

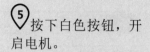

按下白色按钮，开启电机。

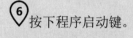

按下程序启动键。

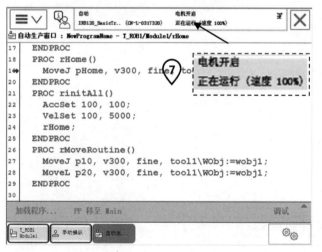

可以观察到程序已在自动运行过程中。

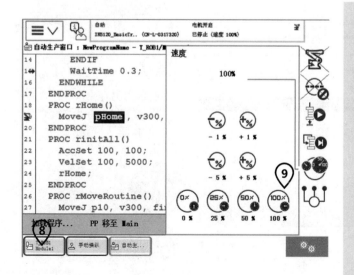

单击左下角快捷菜单按钮。

单击速度调整按钮（第五个按钮），就可以在此设定程序中工业机器人运动的速度百分比。

217

4. 对 RAPID 程序模块进行保存

在调试完成并且在自动运行确认符合设计要求后,就要对程序模块做一个保存的操作。可以根据需要将程序模块保存在工业机器人的硬盘或 U 盘上。具体操作如下:

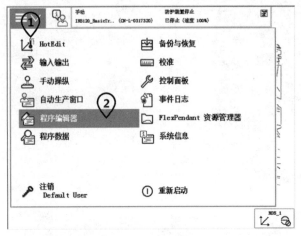

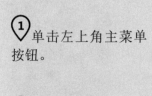
① 单击左上角主菜单按钮。

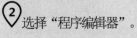
② 选择"程序编辑器"。

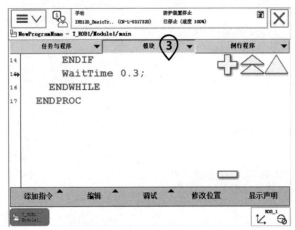

③ 单击"模块"标签。

④ 选中需要保存的程序模块。

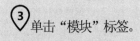
⑤ 打开"文件"菜单,选择"另存模块为…",将程序模块保存到工业机器人的硬盘或 U 盘。

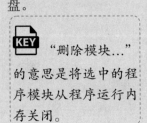
KEY "删除模块…"的意思是将选中的程序模块从程序运行内存关闭。

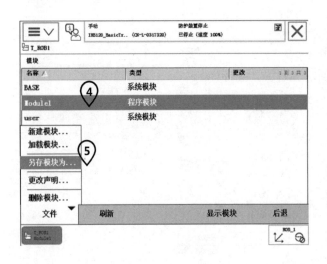

任务 6-4　掌握中断程序 TRAP

工作任务

➢　创建由输入信号 di1 触发的中断程序

➢　了解中断的相关指令作用

在 RAPID 程序执行过程中，如果发生紧急情况，就需要工业机器人中断当前的执行，程序指针 PP 马上跳转到专门的程序中对紧急情况进行相应的处理，结束后程序指针 PP 返回原来被中断的地方，继续往下执行程序。专门用来处理紧急情况的程序，就叫作中断程序（TRAP）。

中断程序经常用于出错处理、外部信号响应等实时响应要求高的场合。

现以对一个传感器的信号进行实时监控为例编写一个中断程序。

1）在正常的情况下，di1 的信号为 0。

2）如果 di1 的信号从 0 变为 1，就对 reg1 数据进行加 1 的操作。

① 单击左上角主菜单按钮。

② 选择"程序编辑器"。

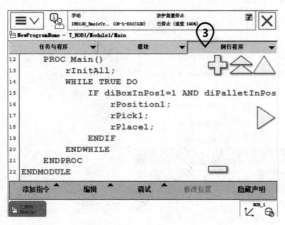

③ 单击"例行程序"。

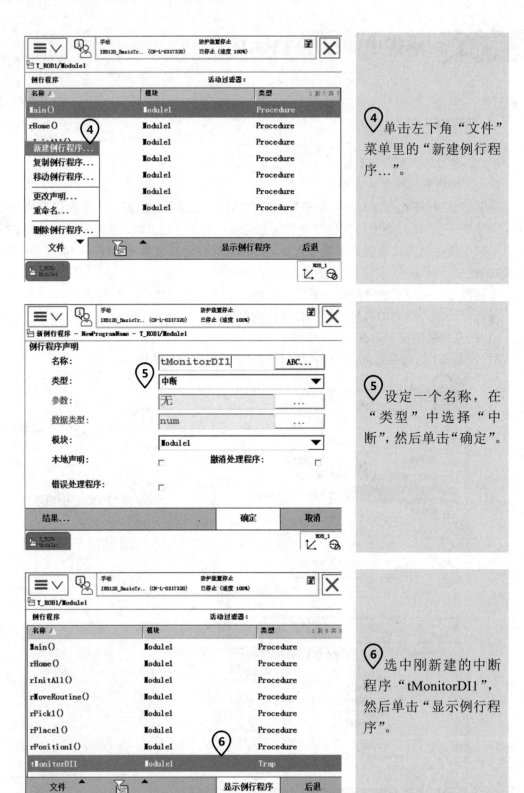

④ 单击左下角"文件"菜单里的"新建例行程序…"。

⑤ 设定一个名称，在"类型"中选择"中断"，然后单击"确定"。

⑥ 选中刚新建的中断程序"tMonitorDI1"，然后单击"显示例行程序"。

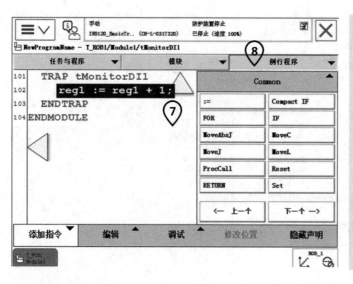

⑦ 在中断程序中，添加如图所示的指令。

⑧ 单击"例行程序"。

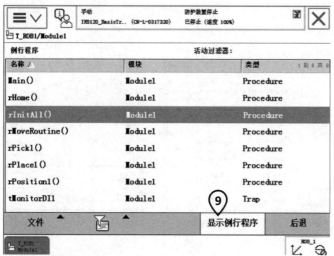

⑨ 选中用于初始化处理的例行程序"rInitAll()"，然后单击"显示例行程序"。

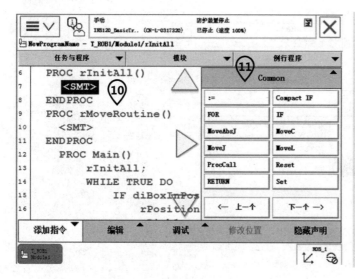

⑩ 选中"<SMT>"为添加指令的位置。

⑪ 在指令列表表头单击"Common"。

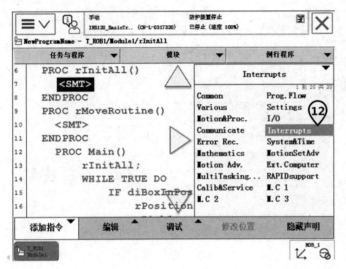

⑫单击"Interrupts"。

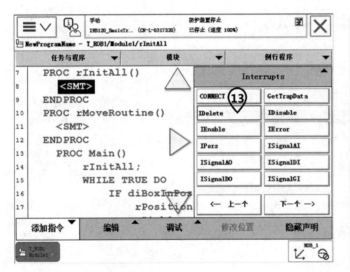

⑬在指令列表中选择"IDelete"。

指　　令	说　　明
IDelete	取消指定的中断

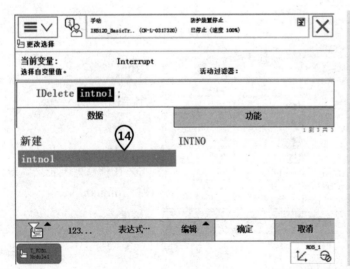

⑭选择"intno1"（如果没有，就新建一个），然后单击"确定"。

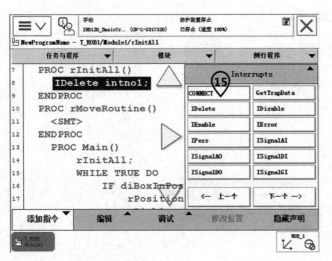

⑮ 在指令列表中选择 "CONNECT"。

指　　令	说　　明
CONNECT	连接一个中断标识符到中断程序

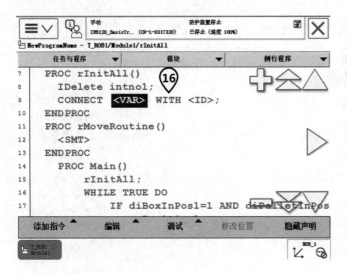

⑯ 双击 "<VAR>" 进行设定。

⑰ 选中 "intno1"，然后单击 "确定"。

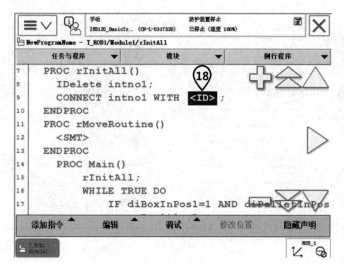

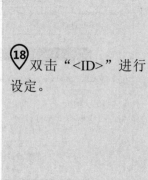

⑱ 双击"<ID>"进行设定。

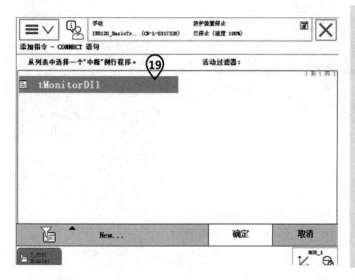

⑲ 选择要关联的中断程序"tMonitorDI1",然后单击"确定"。

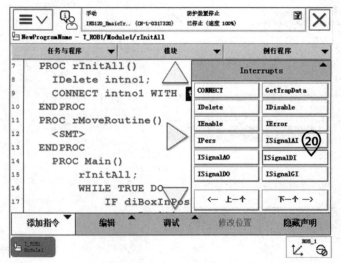

⑳ 在指令列表中选择"ISignalDI"。

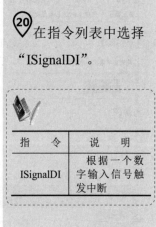

指 令	说 明
ISignalDI	根据一个数字输入信号触发中断

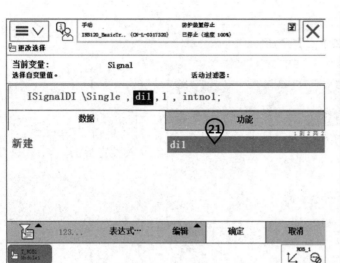

㉑ 选择"di1",然后单击"确定"。

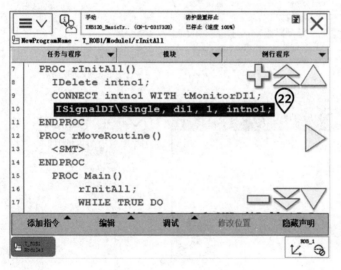

㉒ 双击该条指令。

🔑 ISignalDI 中的 Single 参数启用,则此中断只会响应 di1 一次,若要重复响应,则将其去掉。

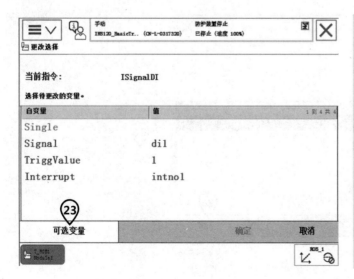

㉓ 单击"可选变量"。

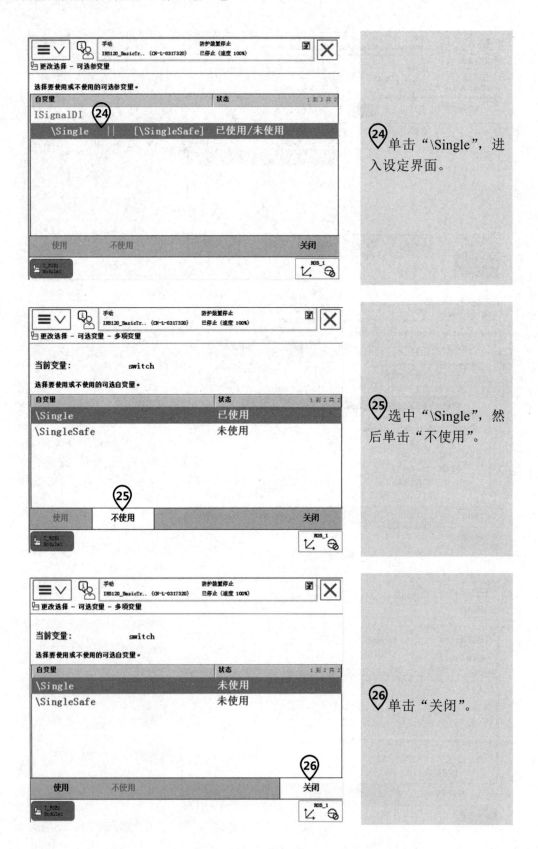

㉔ 单击 "\Single"，进入设定界面。

㉕ 选中 "\Single"，然后单击 "不使用"。

㉖ 单击 "关闭"。

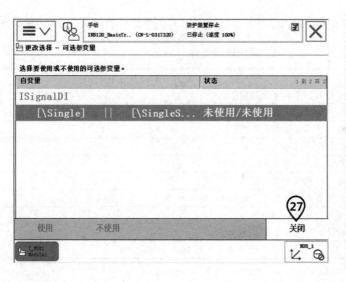

㉗单击"关闭"。

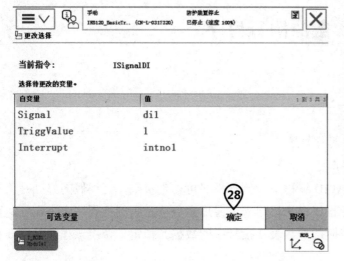

㉘单击"确定"。

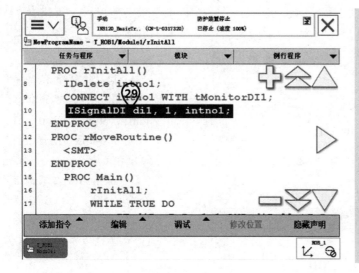

㉙设定完成，此中断程序只需在初始化例行程序 rInitAll 中执行一遍，就在程序执行的整个过程中都生效。接下来就可以在运行此程序的情况下，通过变更 di1 的状态来看程序数据 reg1 的变化。

除了通过数字输入信号变化触发中断以外，还有多个其他类型的触发条件，见表 6-4。

表 6-4　其他触发条件

参　数	含　义
ISignalDO	数字量输出信号变化触发中断
ISignalGI	组输入信号变化触发中断
ISignalGO	组输出信号变化触发中断
ISignalAI	模拟量输入信号变化触发中断
ISignalAO	模拟量输出信号变化触发中断
ITimer	设定时间间隔触发中断
TriggInt	固定位置中断（用于 Trigg 相关指令）
IPers	可变量数据变化触发中断
IError	出现错误时触发中断
IRMQMessage i[①]	RAPID 语言消息队列收到指定数据类型时中断

① 要求机械臂具备选项 FlexPendant Interface、PC Interface 或 Multitasking。

任务 6-5　创建带参数的例行程序

工作任务

➢ 理解什么是带参数的例行程序

➢ 掌握创建带参数例行程序的操作

在 ABB 工业机器人的 RAPID 编程中，例行程序可以带参数，这样做的好处是将一些常用的功能做成带参数的例行程序模块化起来，通过参数传递到例行程序中去执行，可有效提高编程效率。例行程序声明的参数表（括号中的数据）指定了调用该程序时需要提供的参数（实参）。

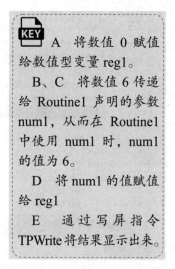

KEY　A　将数值 0 赋值给数值型变量 reg1。

B、C　将数值 6 传递给 Routine1 声明的参数 num1，从而在 Routine1 中使用 num1 时，num1 的值为 6。

D　将 num1 的值赋值给 reg1

E　通过写屏指令 TPWrite 将结果显示出来。

执行程序后，屏幕上显示结果"reg1 =6"。

带参数的例行程序创建方法如下：

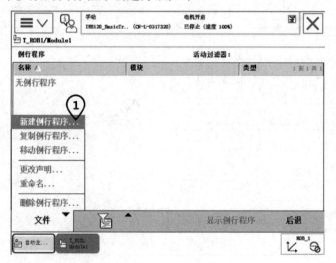

①在新建例行程序界面，单击左下角"文件"菜单，选择"新建例行程序…"。

②单击"参数"对应的按钮。

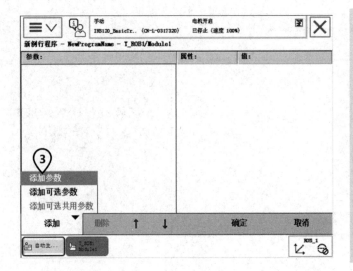

③ 单击左下角"添加"
菜单，选择"添加参
数"。

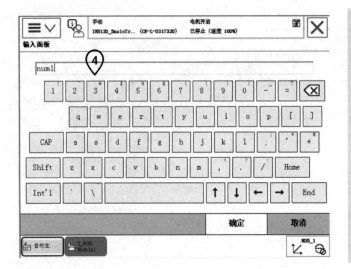

④ 输入"num1"，然后
单击"确定"。

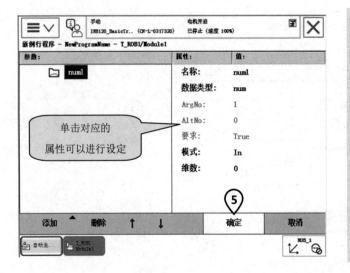

单击对应的
属性可以进行设定

⑤ 单击"确定"。

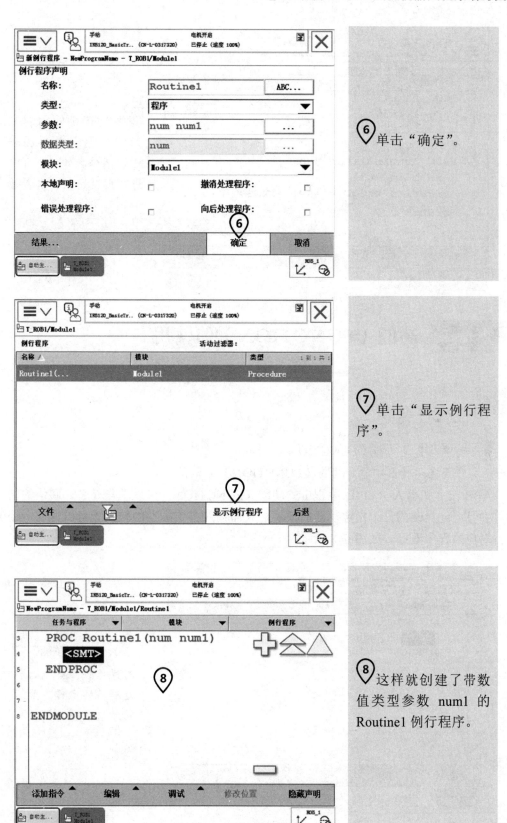

⑥ 单击"确定"。

⑦ 单击"显示例行程序"。

⑧ 这样就创建了带数值类型参数 num1 的 Routine1 例行程序。

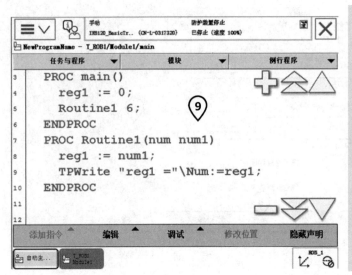

 ⑨按照图中的内容，为例行程序中添加一样的指令。然后就可以进行调试运行，看看效果如何了。

任务 6-6　功能（FUNCTION）的使用

工作任务

➢ 理解什么是功能（FUNCTION）

➢ 掌握在示教器中添加功能（FUNCTION）的操作

ABB 工业机器人 RAPID 编程中的功能（FUNCTION）可以看作是带返回值的例行程序，并且已经封装成一个指定功能的模块，只需输入指定类型的数据就可以返回一个值存放到对应的程序数据。如图 6-8 所示。

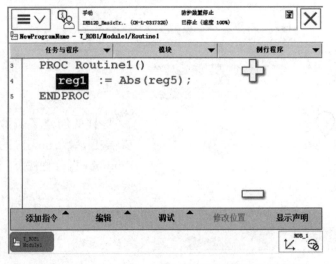

功能"Abs"是对操作数 reg5 进行取绝对值的操作，然后将结果赋予 reg1。

图 6-8　功能（FUNCTION）

使用功能可以有效提高编程和程序执行的效率。如图 6-9 所示。

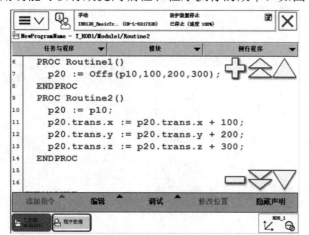

在 Routine1 中，功能 "offs" 的作用是基于位置目标点 p10 在 X 方向偏移 100mm、Y 方向偏移 200mm、Z 方向偏移 300mm。

在 Routine2 里，所做的操作结果与 Routine1 一样，但执行的效率就不如 Routine1 了。

图 6-9　使用功能可以有效提高编程和程序执行的效率

下面以上述的两个例子中的功能进行操作方法的说明。

1. 功能 "reg1 : = Abs(reg5);"

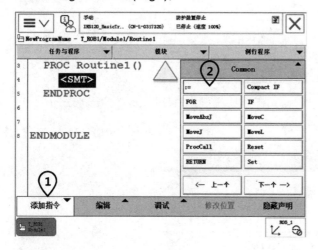

① 单击左下角 "添加指令"。

② 选择 ":=" 赋值指令。

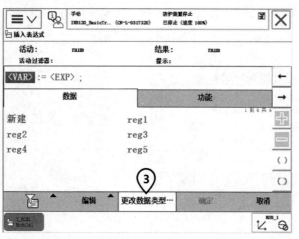

③ 单击 "更改数据类型…"。

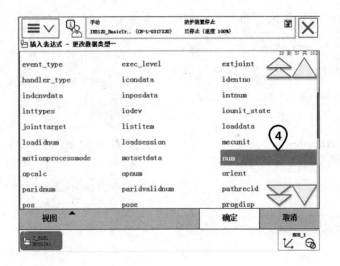

④ 选择"num"数据类型，然后单击"确定"。

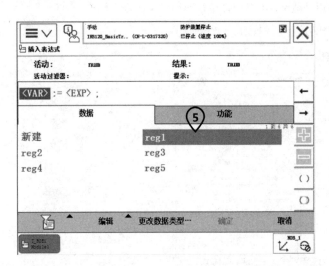

⑤ 单击"reg1"。

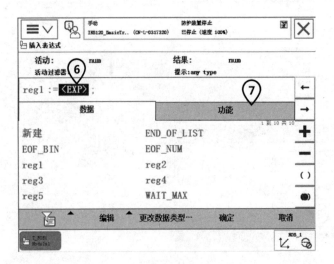

⑥ 选中"<EXP>"。

⑦ 单击"功能"标签。

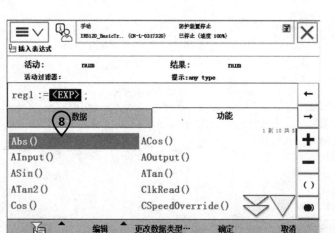

⑧ 选择 "Abs()" 功能。

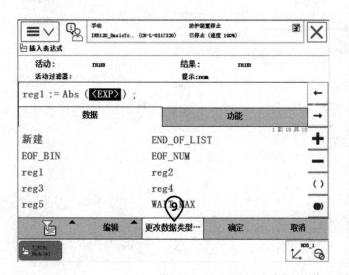

⑨ 单击 "更改数据类型…"。

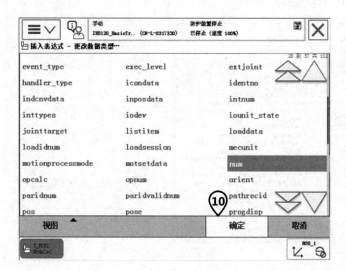

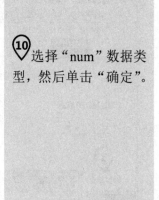

⑩ 选择 "num" 数据类型，然后单击 "确定"。

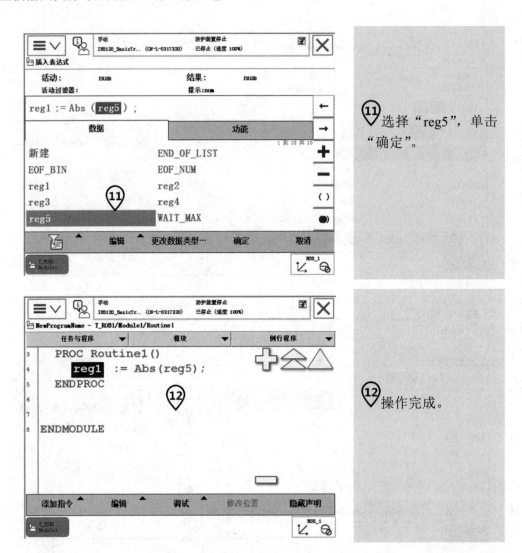

⑪ 选择 "reg5"，单击 "确定"。

⑫ 操作完成。

2. 功能 "p20 := Offs(p10, 100, 200, 300);"

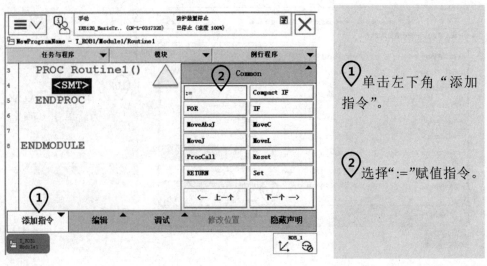

① 单击左下角 "添加指令"。

② 选择 ":=" 赋值指令。

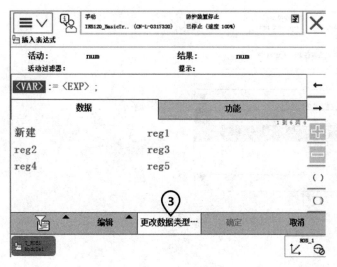

③单击"更改数据类型…"。

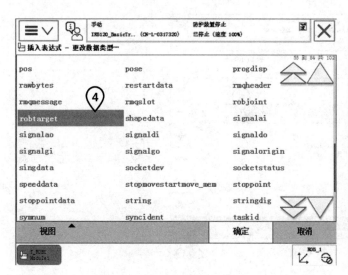

④选择"robtarget"数据类型，然后单击"确定"。

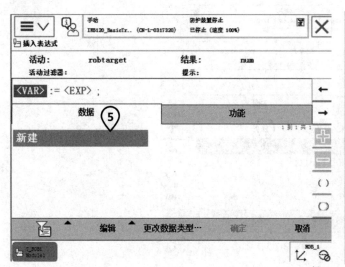

⑤单击"新建"。

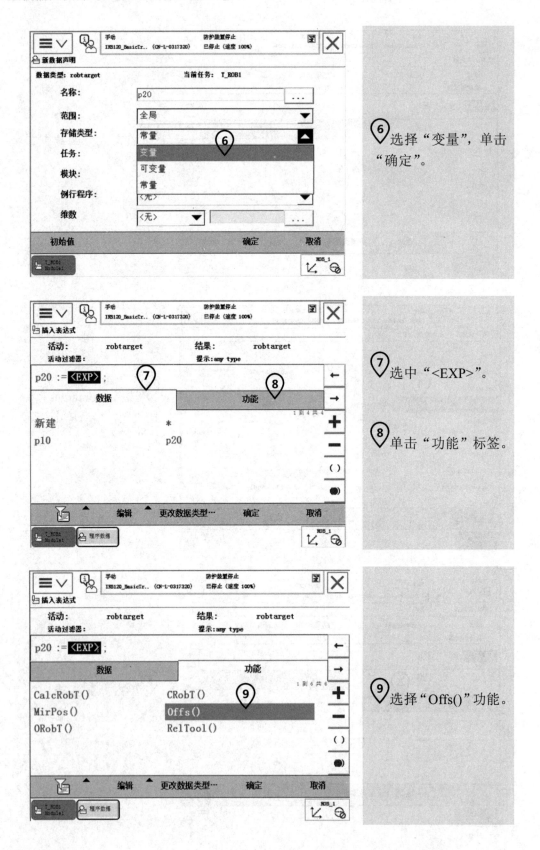

⑥ 选择"变量",单击"确定"。

⑦ 选中"<EXP>"。

⑧ 单击"功能"标签。

⑨ 选择"Offs()"功能。

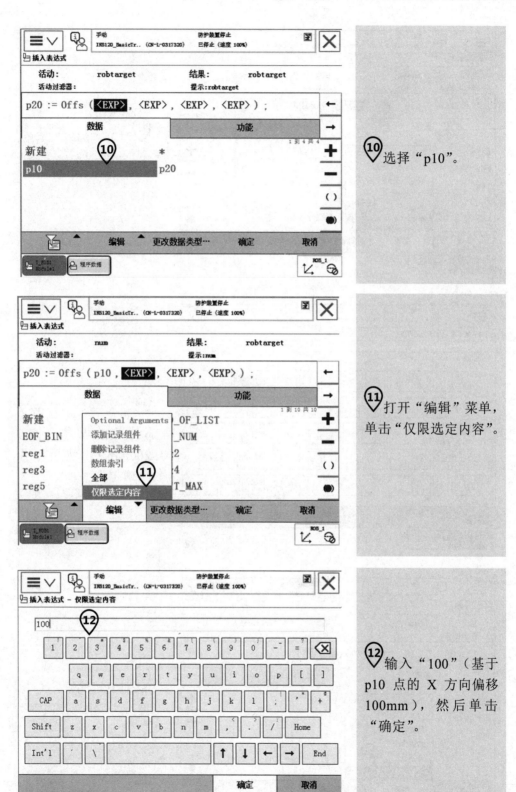

⑩选择"p10"。

⑪打开"编辑"菜单，单击"仅限选定内容"。

⑫输入"100"（基于 p10 点的 X 方向偏移 100mm），然后单击"确定"。

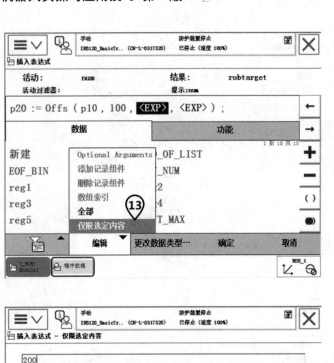

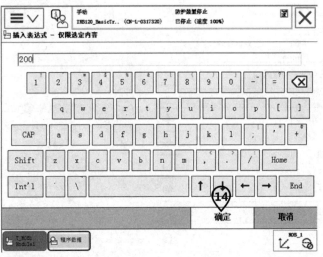

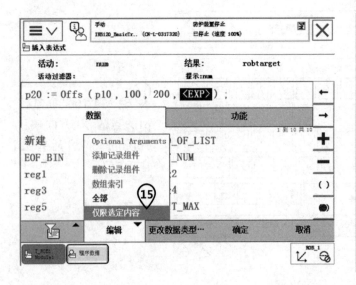

⑬ 打开"编辑"菜单，单击"仅限选定内容"。

⑭ 输入"200"（基于p10点的Y方向偏移200mm），然后单击"确定"。

⑮ 打开"编辑"菜单，单击"仅限选定内容"。

16 输入 "300"（基于 p10 点 的 Z 方向偏移 300mm），然后单击 "确定"。

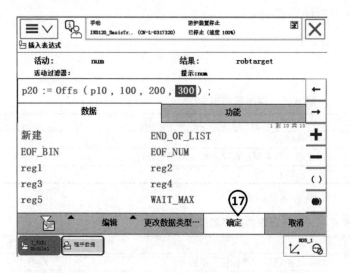

17 单击 "确定"。

18 操作完成。

任务 6-7 RAPID 程序指令与功能讲解

 工作任务

➢ 理解 RAPID 程序指令与功能的分类

➢ 理解指令的定义与说明

ABB 工业机器人提供了丰富的 RAPID 程序指令，方便了大家对程序的编制，同时也为复杂应用的实现提供了可能。以下按照 RAPID 程序指令、功能的用途进行了一个分类，并对每个指令的功能做一个说明，如需对指令的使用与参数进行详细的了解，可以查看 ABB 工业机器人随机电子手册中的详细说明。

1. 程序执行的控制指令

（1）程序的调用（表 6-5）

表 6-5 程序调用指令

指 令	说 明
ProcCall	调用例行程序
CallByVar	通过带变量的例行程序名称调用例行程序
RETURN	返回原例行程序

（2）例行程序内的逻辑控制（表 6-6）

表 6-6 例行程序内的逻辑控制指令

指 令	说 明
Compact IF	如果条件满足，就执行一条指令
IF	当满足不同的条件时，执行对应的程序
FOR	根据指定的次数，重复执行对应的程序
WHILE	如果条件满足的话，重复执行对应的程序
TEST	对一个变量进行判断，从而执行不同的程序
GOTO	跳转到例行程序内标签的位置
Label	跳转标签

（3）停止程序执行（表 6-7）

表 6-7 停止程序执行指令

指 令	说 明
Stop	停止程序执行
EXIT	停止程序执行并禁止在停止处再开始
Break	临时停止程序的执行，用于手动调试
SystemStopAction	停止程序执行与工业机器人运动
ExitCycle	中止当前程序的运行并将程序指针 PP 复位到主程序的第一条指令。如果选择了程序连续运行模式，程序将从主程序的第一句重新执行

2. 变量指令与功能

变量指令主要用于以下方面：

1）对数据进行赋值。

2）等待指令。

3）注释指令。

4）程序模块控制指令。

（1）赋值指令（表6-8）

表 6-8　赋值指令

指　令	说　明
:=	对程序数据进行赋值

（2）等待指令（表6-9）

表 6-9　等待指令

指　令	说　明
WaitTime	等待一个指定的时间，程序再往下执行
WaitUntil	等待一个条件满足后，程序继续往下执行
WaitDI	等待一个输入信号状态为设定值
WaitDO	等待一个输出信号状态为设定值

（3）程序注释（表6-10）

表 6-10　程序注释指令

指　令	说　明
comment	对程序进行注释

（4）程序模块加载（表6-11）

表 6-11　程序模块加载指令

指　令	说　明
Load	从工业机器人硬盘加载一个程序模块到运行内存中
UnLoad	从运行内存中卸载一个程序模块
Start Load	在程序执行的过程中，加载一个程序模块到运行内存中
Wait Load	当Start Load使用后，使用此指令将程序模块连接到任务中使用
CancelLoad	取消加载程序模块
CheckProgRef	检查程序引用
Save	保存程序模块
EraseModule	从运行内存中删除程序模块

（5）变量指令和功能（表6-12和表6-13）

表 6-12　变量指令

指　令	说　明
TryInt	判断数据是否是有效的整数

表 6-13　变量功能

功　　能	说　　明
OpMode	读取当前工业机器人的操作模式
RunMode	读取当前工业机器人程序的运行模式
NonMotionMode	读取程序任务当前是否无运动的执行模式
Dim	获取一个数组的维数
Present	读取带参数例行程序的可选参数值
IsPers	判断一个参数是不是可变量
IsVar	判断一个参数是不是变量

（6）转换功能（表 6-14）

表 6-14　转换功能指令

指　　令	说　　明
StrToByte	将字符串转换为指定格式的字节数据
ByteToStr	将字节数据转换成字符串

3. 运动设定功能与指令

（1）速度设定功能和指令（表 6-15 和表 6-16）

表 6-15　速度设定功能

功　　能	说　　明
MaxRobSpeed	获取当前型号工业机器人可实现的最大TCP速度

表 6-16　速度设定指令

指　　令	说　　明
VelSet	设定最大的速度与倍率
SpeedRefresh	更新当前运动的速度倍率
AccSet	定义工业机器人的加速度
WorldAccLim	设定大地坐标系中工具与载荷的加速度与减速度
PathAccLim	设定运动路径中TCP的加速度与减速度

（2）轴配置管理（表 6-17）

表 6-17　轴配置管理指令

指　　令	说　　明
ConfJ	关节运动的轴配置控制
ConfL	线性运动的轴配置控制

（3）奇异点的管理（表 6-18）

表 6-18　奇异点的管理指令

指　　令	说　　明
SingArea	设定工业机器人运动时，在奇异点的插补方式

（4）位置偏置指令和功能（表 6-19 和表 6-20）

表 6-19　位置偏置指令

指　　令	说　　明
PDispOn	激活位置偏置
PDispSet	激活指定数值的位置偏置
PDispOff	关闭位置偏置
EOffsOn	激活外轴偏置
EOffsSet	激活指定数值的外轴偏置
EOffsOff	关闭位置偏置

表 6-20　位置偏置功能

功　　能	说　　明
DefDFrame	通过3个位置数据计算出位置的偏置
DefFrame	通过6个位置数据计算出位置的偏置
ORobT	从一个位置数据删除位置偏置
DefAccFrame	从原始位置和替换位置定义一个框架

（5）软伺服功能指令（表 6-21）

表 6-21　软伺服功能指令

指　　令	说　　明
SoftAct	激活一个或多个轴的软伺服功能
SoftDeact	关闭软伺服功能

（6）工业机器人参数调整功能指令（表 6-22）

表 6-22　工业机器人参数调整功能指令

指　　令	说　　明
TuneServo	伺服调整
TuneReset	伺服调整复位
PathResol	几何路径精度调整
CirPathMode	在圆弧插补运动时，工具姿态的变换方式

（7）空间监控管理指令（表 6-23）

表 6-23　空间监控管理指令

指　　令	说　　明
WZBoxDef*	定义一个方形的监控空间
WZCylDef*	定义一个圆柱形的监控空间
WZSphDef*	定义一个球形的监控空间
WZHomeJointDef*	定义一个关节轴坐标的监控空间
WZLimJointDef*	定义一个限定为不可进入的关节轴坐标监控空间
WZLimSup*	激活一个监控空间并限定为不可进入
WZDOSet*	激活一个监控空间并与一个输出信号关联
WZEnable*	激活一个临时的监控空间
WZFree*	关闭一个临时的监控空间

* 此指令需要选项 "World zones" 配合。

4. 运动控制指令与功能

（1）工业机器人运动控制指令（表6-24）

表6-24　工业机器人运动控制指令

指　　令	说　　明
MoveC	TCP圆弧运动
MoveJ	关节运动
MoveL	TCP线性运动
MoveAbsJ	轴绝对角度位置运动
MoveExtJ	外部直线轴和旋转轴运动
MoveCDO	TCP圆弧运动的同时触发一个输出信号
MoveJDO	关节运动的同时触发一个输出信号
MoveLDO	TCP线性运动的同时触发一个输出信号
MoveCSync	TCP圆弧运动同时执行一个例行程序
MoveJSync	关节运动的同时执行一个例行程序
MoveLSync	TCP线性运动的同时执行一个例行程序

（2）搜索功能指令（表6-25）

表6-25　搜索功能指令

指　　令	说　　明
SearchC	TCP圆弧搜索运动
SearchL	TCP线性搜索运动
SearchExtJ	外轴搜索运动

（3）指定位置触发信号与中断功能指令（表6-26）

表6-26　指定位置触发信号与中断功能指令

指　　令	说　　明
TriggIO	定义触发条件在一个指定的位置触发输出信号
TriggInt	定义触发条件在一个指定的位置触发中断程序
TriggCheckIO	定义一个指定的位置进行I/O状态的检查
TriggEquip	定义触发条件在一个指定的位置触发输出信号，并且对信号响应的延迟进行补偿设定
TriggRampAO	定义触发条件在一个指定的位置触发模拟输出信号，并且对信号响应的延迟进行补偿设定
TriggC	带触发事件的圆弧运动
TriggJ	带触发事件的关节运动
TriggL	带触发事件的线性运动
TriggLI/Os	在一个指定的位置触发输出信号的线性运动
StepBwdPath	在RESTART的事件程序中进行路径的返回
TriggStopProc	在系统中创建一个监控处理，用于在STOP和QSTOP中进行信号复位和程序数据复位的操作
TriggSpeed	定义模拟输出信号与实际TCP速度之间的配合

（4）出错或中断时的运动控制指令和功能（表 6-27 和表 6-28）

表 6-27　出错或中断时的运动控制指令

指　　令	说　　明
StopMove	停止工业机器人运动
StartMove	重新启动工业机器人运动
StartMoveRetry	重新启动工业机器人运动及相关的参数设定
StopMoveReset	对停止运动状态复位，但不重新启动工业机器人
StorePath	储存已生成的最近的路径
RestoPath*	重新生成之前储存的路径
ClearPath	在当前的运动路径级别中，清空整个运动路径
PathLevel	获取当前路径级别
SyncMoveSuspend*	在 StorePath 的路径级别中暂停同步坐标的运动
SyncMoveResume*	在 StorePath 的路径级别中重返同步坐标的运动

*此指令需要选项"Path recovery"配合。

表 6-28　出错或中断时的运动控制功能

功　　能	说　　明
IsStopMoveAct	获取当前停止运动标志符

（5）外轴的控制指令和功能（表 6-29 和表 6-30）

表 6-29　外轴控制指令

指　　令	说　　明
DeactUnit	关闭一个外轴单元
ActUnit	激活一个外轴单元
MechUnitLoad	定义外轴单元的有效载荷

表 6-30　外轴控制功能

功　　能	说　　明
GetNextMechUnit	检索外轴单元在工业机器人系统中的名字
IsMechUnitActive	检查一个外轴单元状态是关闭/激活

（6）独立轴控制指令和功能（表 6-31 和表 6-32）

表 6-31　独立轴控制指令

指　　令	说　　明
IndAMove*	将一个轴设定为独立轴模式，并进行绝对位置方式运动
IndCMove*	将一个轴设定为独立轴模式，并进行连续方式运动
IndDMove*	将一个轴设定为独立轴模式，并进行角度方式运动
IndRMove*	将一个轴设定为独立轴模式，并进行相对位置方式运动
IndReset*	取消独立轴模式

*此指令需要选项"Independent movement"配合。

表 6-32　独立轴控制功能

功　　能	说　　明
IndInpos*	检查独立轴是否已到达指定位置
IndSpeed*	检查独立轴是否已到达指定的速度

*此功能需要选项"Independent movement"配合。

（7）路径修正指令和功能（表 6-33 和表 6-34）

表 6-33　路径修正指令

指　　令	说　　明
CorrCon*	连接一个路径修正生成器
CorrWrite*	将路径坐标系统中的修正值写到修正生成器
CorrDiscon*	断开一个已连接的路径修正生成器
CorrClear*	取消所有已连接的路径修正生成器

*此指令需要选项"Path offset or RobotWare-Arc sensor"配合。

表 6-34　路径修正功能

功　　能	说　　明
CorrRead*	读取所有已连接的路径修正生成器的总修正值。

*此功能需要选项"Path offset or RobotWare-Arc sensor"配合。

（8）路径记录指令和功能（表 6-35 和表 6-36）

表 6-35　路径记录指令

指　　令	说　　明
PathRecStart*	开始记录工业机器人的路径
PathRecStop*	停止记录工业机器人的路径
PathRecMoveBwd*	工业机器人根据记录的路径做后退运动
PathRecMoveFwd*	工业机器人运动到执行PathRecMoveBwd这个指令的位置上

*此指令需要选项"Path recovery"配合。

表 6-36　路径记录功能

功　　能	说　　明
PathRecValidBwd*	检查是否已激活路径记录和是否有可后退的路径
PathRecValidFwd*	检查是否有可向前的记录路径

*此功能需要选项"Path recovery"配合。

（9）输送链跟踪功能指令（表 6-37）

表 6-37　输送链跟踪功能指令

指　　令	说　　明
WaitWObj*	等待输送链上的工件坐标
DropWObj*	放弃输送链上的工件坐标

*此指令需要选项"Conveyor tracking"配合。

（10）传感器同步功能指令（表 6-38）

表 6-38　传感器同步功能指令

指　　令	说　　明
WaitSensor*	将一个在开始窗口的对象与传感器设备关联起来
SyncToSensor*	开始/停止工业机器人与传感器设备的运动同步
DropSensor*	断开当前对象的连接

*此指令需要选项"Sensor synchronization"配合。

（11）有效载荷与碰撞检测指令（表 6-39）

表 6-39　有效载荷与碰撞检测指令

指　　令	说　　明
MotionSup*	激活/关闭运动监控
LoadId	工具或有效载荷的识别
ManLoadId	外轴有效载荷的识别

*此指令需要选项"CollisI/On detectI/On"配合。

（12）关于位置的功能（表 6-40）

表 6-40　位置功能

功　　能	说　　明
Offs	对工业机器人位置进行偏移
RelTool	对工业机器人的位置和工具的姿态进行偏移
CalcRobT	从jointtarget计算出 robtarget
CPos	读取工业机器人当前的X、Y、Z坐标值
CRobT	读取工业机器人当前的robtarget
CJointT	读取工业机器人当前的关节轴角度
ReadMotor	读取轴电动机当前的角度
CTool	读取工具坐标当前的数据
CWObj	读取工件坐标当前的数据
MirPos	镜像一个位置
CalcJointT	从robtarget计算出jointtarget
Distance	计算两个位置的距离
PFRestart	在电源发生故障后，检查中断的路径
CSpeedOverride	读取当前使用的速度倍率

5. 输入/输出信号的处理指令与功能

工业机器人可以在程序中对输入/输出信号进行读取与赋值，以实现程序控制的需要。

（1）对输入/输出信号的值进行设定指令（表 6-41）

表 6-41　对输入/输出信号的值进行设定指令

指　　令	说　　明
InvertDO	对一个数字输出信号的值置反
PulseDO	对数字输出信号进行脉冲输出
Reset	将数字输出信号置为0
Set	将数字输出信号置为1
SetAO	设定模拟输出信号的值
SetDO	设定数字输出信号的值
SetGO	设定组输出信号的值

（2）读取输入/输出信号值功能和指令（表 6-42 和表 6-43）

表 6-42 读取输入/输出信号值功能

功　能	说　明
AOutput	读取模拟输出信号的当前值
DOutput	读取数字输出信号的当前值
GOutput	读取组输出信号的当前值
TestDI	检查一个数字输入信号已置1
ValidIO	检查I/O信号是否有效

表 6-43 读取输入/输出信号值指令

指　令	说　明
WaitDI	等待一个数字输入信号的指定状态
WaitDO	等待一个数字输出信号的指定状态
WaitGI	等待一个组输入信号的指定值
WaitGO	等待一个组输出信号的指定值
WaitAI	等待一个模拟输入信号的指定值
WaitAO	等待一个模拟输出信号的指定值

（3）I/O 模块的控制指令（表 6-44）

表 6-44 I/O 模块控制指令

指　令	说　明
IODisable	关闭一个I/O模块
IOEnable	开启一个I/O模块

6. 通信功能指令与功能

（1）示教器上人机界面的功能指令（表 6-45）

表 6-45 示教器上人机界面功能指令

指　令	说　明
TPErase	清屏
TPWrite	在示教器操作界面上写信息
ErrWrite	在示教器事件日志中写报警信息并储存
TPReadFK	互动的功能键操作
TPReadNum	互动的数字键盘操作
TPShow	通过RAPID程序打开指定的窗口

（2）通过串口进行读写指令和功能（表 6-46 和表 6-47）

表 6-46 通过串口进行读写指令

指　令	说　明
Open	打开串口
Write	对串口进行写文本操作
Close	关闭串口
WriteBin	写一个二进制数的操作
WriteAnyBin	写任意二进制数的操作
WriteStrBin	写字符的操作
Rewind	设定文件开始的位置
ClearIOBuff	清空串口的输入缓冲
ReadAnyBin	从串口读取任意的二进制数

表 6-47 通过串口进行读写功能

功 能	说 明
ReadNum	读取数字量
ReadStr	读取字符串
ReadBin	从二进制串口读取数据
ReadStrBin	从二进制串口读取字符串

（3）Sockets 通信指令和功能（表 6-48 和表 6-49）

表 6-48 Sockets 通信指令

指 令	说 明
SocketCreate	创建新的socket
SocketConnect	连接远程计算机
SocketSend	发送数据到远程计算机
SocketReceive	从远程计算机接收数据
SocketClose	关闭socket

表 6-49 Sockets 通信功能

功 能	说 明
SocketGetStatus	获取当前socket状态

7. 中断程序指令

（1）中断设定指令（表 6-50）

表 6-50 中断设定指令

指 令	说 明
CONNECT	连接一个中断符号到中断程序
ISignalDI	使用一个数字输入信号触发中断
ISignalDO	使用一个数字输出信号触发中断
ISignalGI	使用一个组输入信号触发中断
ISignalGO	使用一个组输出信号触发中断
ISignalAI	使用一个模拟输入信号触发中断
ISignalAO	使用一个模拟输出信号触发中断
ITimer	计时中断
TriggInt	在一个指定的位置触发中断
IPers	使用一个可变量触发中断
IError	当一个错误发生时触发中断
IDelete	取消中断

（2）中断控制指令（表 6-51）

表 6-51 中断控制指令

指 令	说 明
ISleep	关闭一个中断
IWatch	激活一个中断
IDisable	关闭所有中断
IEnable	激活所有中断

8. 系统相关的指令与功能

时间控制指令与功能见表 6-52 和表 6-53。

表 6-52　时间控制指令

指　　令	说　　明
ClkReset	计时器复位
ClkStart	计时器开始计时
ClkStop	计时器停止计时

表 6-53　时间控制功能

功　　能	说　　明
ClkRead	读取计时器数值
CDate	读取当前日期
CTime	读取当前时间
GetTime	读取当前时间为数字型数据

9. 数学运算指令与功能

（1）简单运算指令（表 6-54）

表 6-54　简单运算指令

指　　令	说　　明
Clear	清空数值
Add	加或减操作
Incr	加1操作
Decr	减1操作

（2）算术功能（表 6-55）

表 6-55　算术功能

功　　能	说　　明
Abs	取绝对值
Round	四舍五入
Trunc	舍位操作
Sqrt	计算二次根
Exp	计算指数值e^x
Pow	计算指数值
ACos	计算圆弧余弦值
ASin	计算圆弧正弦值
ATan	计算圆弧正切值[−90°,90°]
ATan2	计算圆弧正切值[−180°,180°]
Cos	计算余弦值
Sin	计算正弦值
Tan	计算正切值
EulerZYX	从姿态计算欧拉角
OrientZYX	从欧拉角计算姿态

学 习 测 评

自我学习测评见表 6-56。

表 6-56　自我学习测评

要　　求	自 我 评 价			备　注
	掌握	知道	再学	
了解 ABB 工业机器人编程语言 RAPID				
了解 RAPID 任务、程序模块、例行程序之间的关系				
掌握常用 RAPID 指令的使用				
掌握 MoveL 运动指令				
掌握 MoveJ 运动指令				
掌握 MoveC 运动指令				
掌握 MoveAbsj 运动指令				
掌握 RAPID 程序的创建及调试方法				
掌握中断程序的使用				
掌握功能（FUNCTION）的使用				
掌握带参数的例行程序的使用				
理解 RAPID 指令与功能的分类与定义				

练 习 题

1. 请在名称为 ModuleTrain 的模块中创建一个名称为 rTrain 的例行程序。

2. 请在 rTrain 中添加一条 regTrain := regTrain + 1 的赋值指令。

3. 请在 rTrain 中添加一条移动到 p10 位置点的线性运动指令。

4. 请在 rTrain 中添加一条移动到 p20 位置点的关节运动指令。

5. 请在 rTrain 中添加一条移动到 p30、p40 位置点的圆弧运动指令。

6. 请简述如何执行 rTrain 程序中的移动到 p20 位置点的关节运动指令。

7. 请创建一个中断程序，要求：当 do1 的信号从 0 变为 1 时，对 regTrap 进行加 1 操作。

8. 尝试写一个带参数的例行程序，实现将一个 string 类型的数据传入例行程序并写屏。

项目 7 ABB 工业机器人典型应用调试实战

任务目标

➢ 掌握 ABB 工业机器人轨迹应用的调试

➢ 掌握 ABB 工业机器人搬运应用的调试

➢ 掌握 ABB 工业机器人的一般调试步骤

任务描述

工业机器人的应用领域相当广泛，只要有大批量重复人力劳动需求的地方就会有工业机器人的应用。现在工业机器人最广泛的应用有焊接、搬运、码垛、组装和切割等，并且随着新技术新工艺的发展，新应用也在不断增加。

追根溯源，可以将工业机器人的应用归纳成两个典型：轨迹与搬运。只要掌握这两种典型应用的调试套路就可以应对千变万化的现场应用调试。

任务准备

本项目中需要使用到的工作站打包文件和软件可以通过以下的方式获得：

1）关注微信公众号叶晖 yehui。

2）扫描右边二维码。

工作站打包文件的解压与运行是在 RobotStudio 中进行的，所以在开始本项目的执行前，请先在计算机中安装好 RobotStudio，版本要求 6.08 及以上。

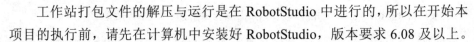

任务 7-1 ABB 工业机器人轨迹应用的调试

工作任务

➢ 掌握 I/O 信号创建

- ➢ 掌握工具坐标系设定
- ➢ 掌握工件坐标系设定
- ➢ 掌握 U 形槽轨迹程序编辑
- ➢ 掌握圆形轨迹程序编辑
- ➢ 掌握程序调试及运行

图 7-1　双击"PathStn.exe"

1. 任务准备

双击"PathStn.exe"（图 7-1），打开轨迹工作站视图文件；运行此工作站，可查看本工作站的运行情况，从而明确一下学习目标。

双击"PathStn_Source-608.rspag"（图 7-2），解压该轨迹工作站。

图 7-2　双击"PathStn_
Source-608.rspag"

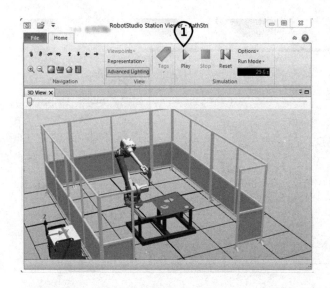

① 单击"Play"。

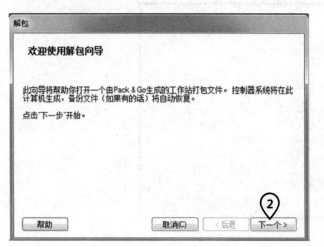

② 单击"下一个"。

③ 单击"下一个"。

注意：目标文件夹指向的路径不能有中文字符；

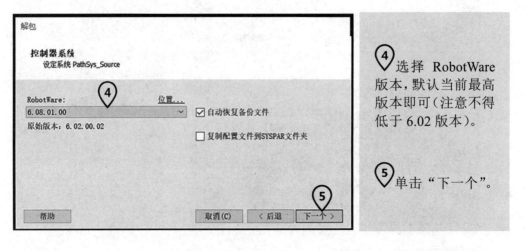

④ 选择 RobotWare 版本，默认当前最高版本即可（注意不得低于 6.02 版本）。

⑤ 单击"下一个"。

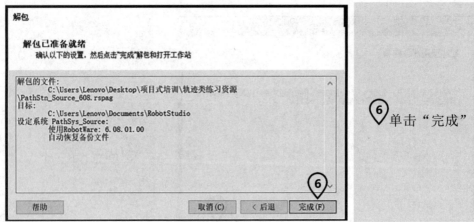

⑥ 单击"完成"

等待解压过程，待完全解压之后，单击"关闭"即可。

2. I/O 信号创建

在本工作站中，需要用到的 I/O 信号较少，只需创建一个数字输出信号作为工具动作信号，例如涂胶应用中用于控制胶枪的开启和开闭，激光切割应用中用于激光的开启与关闭。

在本工作站中，使用标准 I/O 通信板 DSQC 651，默认地址为 10，利用该板的第一个数字输出端口作为工具的控制信号 doGunOn。

 关于如何在示教器中创建通信板和 I/O 信号的过程可参考本书项目 4 中的相关内容。

DSQC 651 对应属性见表 7-1。

表 7-1　DSQC 651 对应属性

使用来自模板的值	Name	Address
DSQC 651 Combi I/O Device	Board10	10

doGunOn 对应属性见表 7-2。

表 7-2　doGunOn 对应属性

Name	Type of signal	Assigned to Device	Device Mapping
doGunOn	Digital Output	Board10	32

3. 工具坐标系创建

在轨迹应用中，常使用带有尖端的工具。一般情况下，将工具坐标系原点及 TCP 设在工具尖端，例如本工作站中使用的工具如图 7-3 所示。

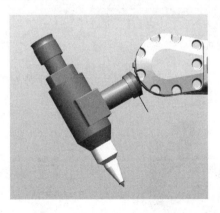

在轨迹应用过程中，一般将工具坐标系的 Z 方向设定为工具末端的延伸方向，这样便于后续的操作和编程。

图 7-3　本工作站使用的工具

然后为此工作站创建工具坐标系 ToolPath，其原点位于当前工具尖端，其 Z 方向为工具末端延伸方向。

接着需要在工作站中确定一个固定参考点作为标定参考，在本任务中可以直接使用工装上面的定位销尖点，如图 7-4 所示。

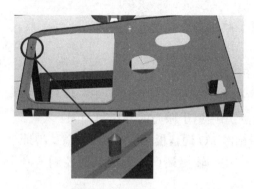

图 7-4　确定固定参考点作为标定参考

在手动操纵界面（图 7-5）创建一个工具坐标系数据，名称为 PathTool，然后在定义界面中，将"方法"设定为"TCP 和 Z"，"点数"默认为 4，接着利用固定参考点进行标定。

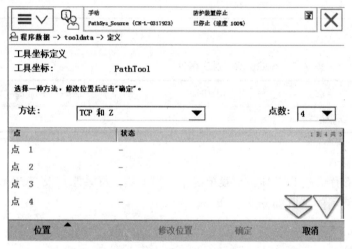

图 7-5　手动操纵界面

> **i** TCP 标定点的数量可以自定义，单击"点数"框中的下拉键，可以从 3～9 中进行选择，标定点数越多，越容易标定出较为准确的 TCP。

例如参考固定参考点示教 4 个点位，点 1 如图 7-6 所示，点 2 如图 7-7 所示，点 3 如图 7-8 所示，点 4 如图 7-9 所示。

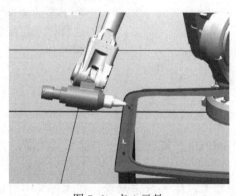

图 7-6　点 1 示教

> **i** 标定点的姿态选取应尽量差异大一些，这样才容易标定出较为准确的 TCP。

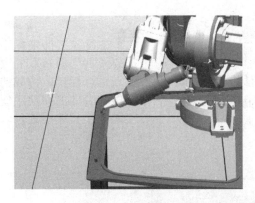

图 7-7　点 2 示教

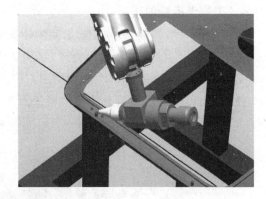

图 7-8　点 3 示教

图 7-9　点 4 示教

工具坐标系方向的标定原理为：设置的延伸器点朝向固定参考点的方向即为当前所标定方向的正方向。

在标定过程中，为了便于后续标定工具坐标系方向，一般将最后一个 TCP 标定点调整至工具末端完全竖直的姿态，所以在此任务中将第 4 个标定点设为如图 7-9 所示姿态。

接下来标定工具坐标系的方向，由于本任务中使用"TCP 和 Z"方法，所以此处只需标定一个延伸器点 Z，该点如图 7-10 所示。

如图 7-10 所示，此时标定出来的工具 Z 方向即为工具末端的延伸方向，满足了之前提出的需求。

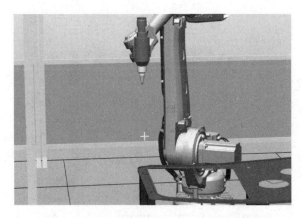

图 7-10　工具 Z 方向为工具末端的延伸方向

4. 工件坐标系创建

轨迹应用一般需要根据实际工件的位置设置工件坐标系，这样便于后续的操作和编程处理。在手动操作界面创建一个工件坐标系 WobjPath，然后利用用户三点法进行标定。在本任务中，可以利用工装上的定位销尖点作为标定所需的 X1、X2、Y1。

X1 如图 7-11 所示。

> 在设置工件坐标系时，需要根据当前选取的 3 个参考点进行标定，构成的坐标系 X、Y、Z 的朝向应便于后续的操作和编程处理，尤其是 Z 方向。

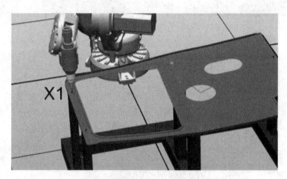

图 7-11　X1

X2 如图 7-12 所示。

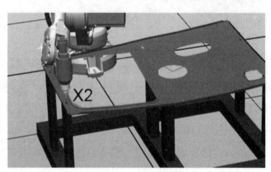

图 7-12　X2

Y1 如图 7-13 所示。

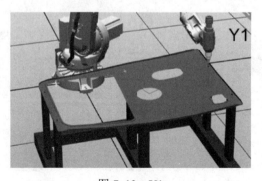

图 7-13　Y1

5．U 形槽轨迹编辑 1

进入示教器的程序编辑器菜单，新建一个程序模块 Module1。

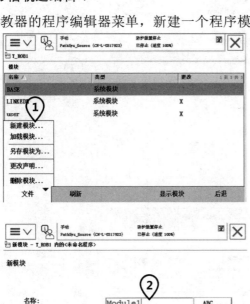

① 单击"文件"中的
"新建模块…"。

② "名称"设为
"Module1"，单击
下面的"确定"。

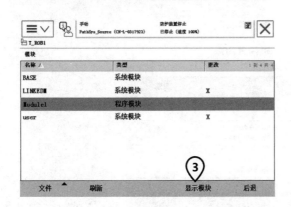

③ 选中"Module1"，
单击"显示模块"。

④ 单击"例行程序"。

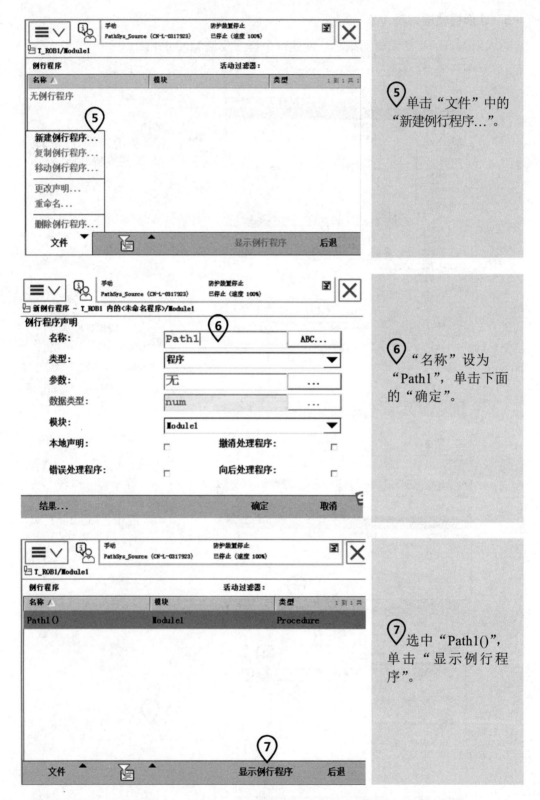

⑤ 单击"文件"中的"新建例行程序…"。

⑥ "名称"设为"Path1",单击下面的"确定"。

⑦ 选中"Path1()",单击"显示例行程序"。

之后即可在 Path1 中编辑 U 形槽轨迹。U 形槽至少需要示教 6 个点位,如图 7-14 所示。

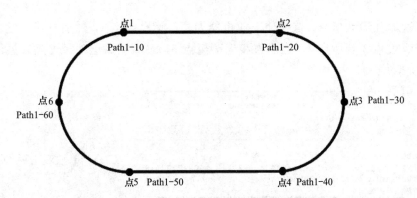

图 7-14　U形槽至少需要示教6个点位

在添加运动指令之前，首先需要在手动操纵界面确认当前激活的工具坐标和工件坐标。在此任务中，"工具坐标"需要设置为"ToolPath…"，"工件坐标"需要设置为"WobjPath…"，如图 7-15 所示；然后返回程序编辑器菜单。

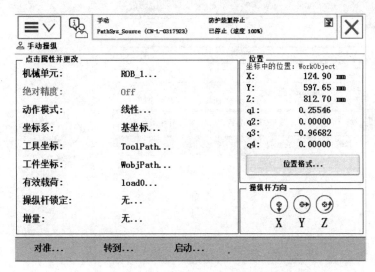

图 7-15　确认当前激活的工具坐标和工件坐标

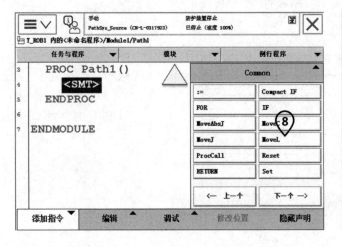

⑧ 单击"添加指令"，选择"MoveL"。

下面依次添加运动指令，首先使工业机器人直线运动至点 1，然后直线运动至点 2，接着圆弧运动经过点 3 到达点 4，之后直线运动至点 5，最后圆弧运动经过点 6 返回点 1，完成整个 U 形槽轨迹。

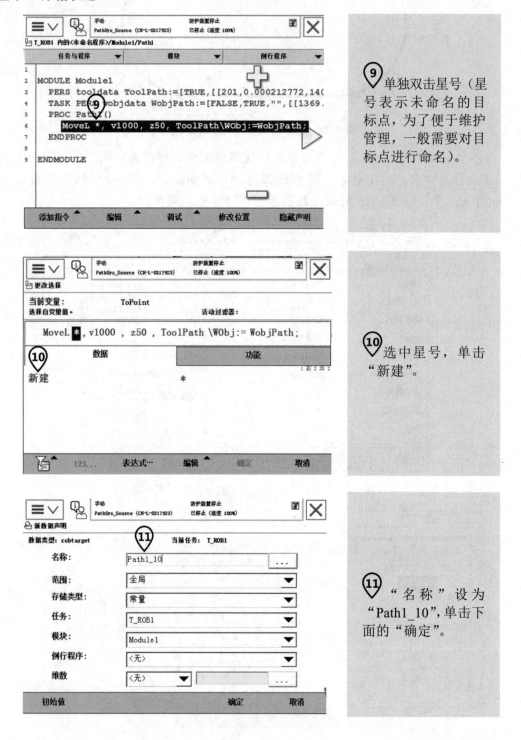

⑨ 单独双击星号（星号表示未命名的目标点，为了便于维护管理，一般需要对目标点进行命名）。

⑩ 选中星号，单击"新建"。

⑪ "名称"设为"Path1_10"，单击下面的"确定"。

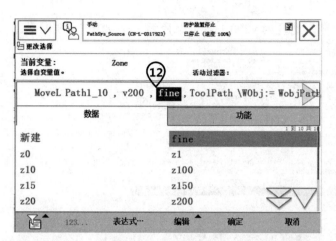

⑫　速度更改为 v200，转角路径更改为 fine，因为点 1 是 U 形槽轨迹的加工起点，需要工业机器人完全到达此位置，所以转角路径设置为 fine；设置完成后，单击下面的"确定"。

接着添加一条 MoveL 指令，若出现添加在上方或者下方的提示，则选择下方，该条运动指令中的目标点名称会按照之前的命名规则自动命名，尾数以 10 为单位进行递增，然后将运动指令中的转角路径更改为 z1，如图 7-16 所示。

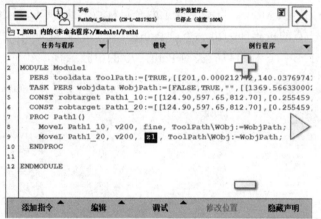

ℹ️在加工轨迹里，一般不使用 fine，否则会造成在中间过程中每到达一个点位，工业机器人都会停顿一下，所以一般建议设置一个较小的转角路径数据。

图 7-16　添加一条 MoveL 指令

接下来添加一条圆弧运动指令 MoveC，来执行 U 形槽的第一段圆弧，目标点仍然会自动命名，分别为 Path1_30、Path1_40，速度继续默认为之前的速度值 v200，转角路径更改为 z1，如图 7-17 所示。

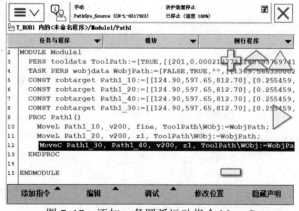

图 7-17　添加一条圆弧运动指令 MoveC

然后再添加一条 MoveL 指令，速度为 v200，转角路径为 z1，如图 7-18 所示。

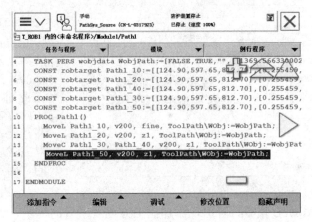

图 7-18 再添加一条 MoveL 指令

最后再添加一条 MoveC 指令，速度为 v200，转角路径更改为 fine，如图 7-19 所示。此处按照目标点自动命名规则，最后一条 MoveC 自动生成了两个目标点 Path1_60、Path1_70。但在此任务中，U 形槽轨迹最后一点的位置即为第一个点 Path1_10，所以此处可以将此运动中的最后一个目标点更改为 Path1_10，这样可以省去对 Path1_70 的单独示教。

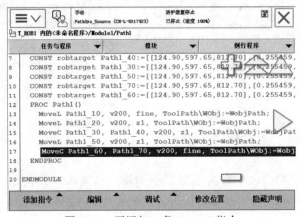

图 7-19 再添加一条 MoveC 指令

最后一条 MoveC 运动作为 U 形槽最后一段轨迹，需要完全到达终点，所以将此条运动中的转角路径更改为 fine。

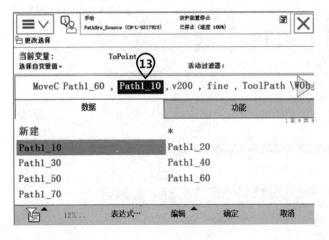

⑬ 选中"Path1_70"，更改为"Path1_10"，单击下面的"确定"。

6. U 形槽轨迹编辑 2

至此，已经完成了 U 形槽轨迹的主体部分，随后还需要增加轨迹的接近点和离开点。接近点一般设置在加工轨迹的起点上方，离开点一般设置在加工轨迹的终点上方，接近点和离开点可以使用示教的方式进行添加，也可以通过偏移的方式来获取。如图 7-20 所示，左图为加工离开点位置，右图为接近点位置。

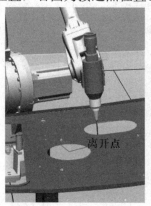

图 7-20　离开点和接近点

接下来在程序编辑器中进行程序编辑，直接复制第一行，然后进行编辑修改。

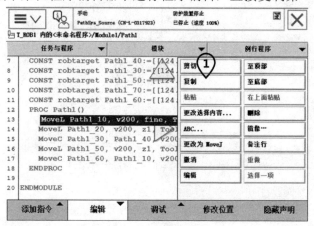

① 选中 Path1 中的第一行，单击"编辑"菜单中的"复制"，然后单击"粘贴"。

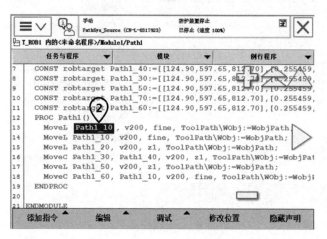

② 双击"Path1_10"，对其进行编辑。

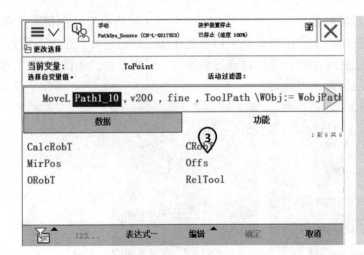

③ 选中"Path1_10"，在"功能"中单击"Offs"。

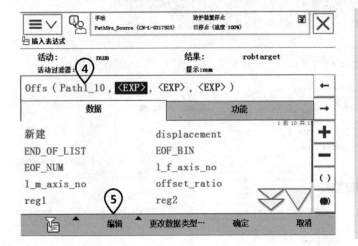

④ Offs 中有 4 个参数，第一个参数为偏移基准目标点，此处设置为"Path1_10"，后续三个参数分别为X、Y、Z方向的偏移量。

⑤ 单击"编辑"中的"全部"，对后续的三个参数进行编辑。

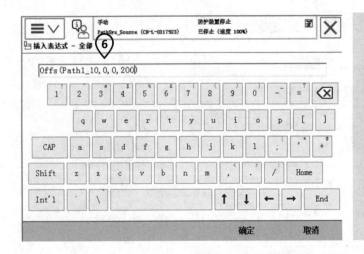

⑥ 将后续的三个参数编辑为（0,0,200），即将此位置设置为相对于 Path1_10 沿着当前工件坐标系的 Z 轴正方向偏移200mm，单击下面的"确定"。

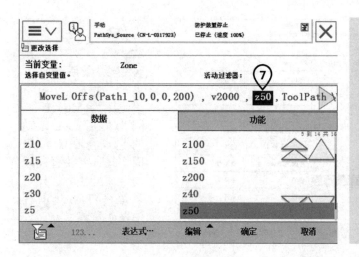

⑦ 将速度更改为 v2000，非加工轨迹，速度可相应设置得较大一些，转角路径设置为 z50，此位置为过渡点，所以需要设置适当的转角数据，单击下面的"确定"。

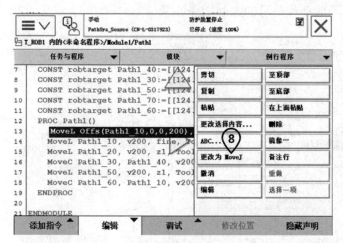

⑧ 选中第一行，单击"编辑"菜单，单击"更改为 MoveJ"。因为此处运动至接近点，无须强制为直线运动，建议使用关节运动 MoveJ。

接着添加离开点，此轨迹中离开点与接近点可以设置为同一位置，所以可以直接复制第一行，粘贴到最后一行的后面。

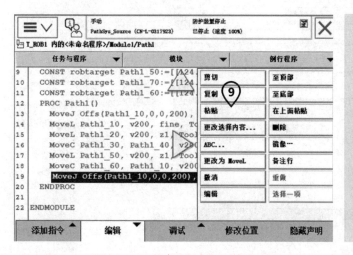

⑨ 选中第一行，单击"编辑"中的"复制"，然后选中最后一行，单击"粘贴"。

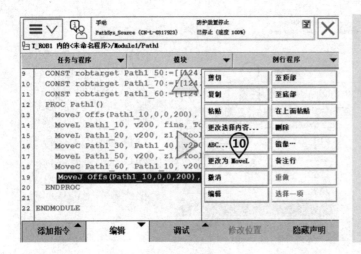

⑩ 选中最后一行，单击"编辑"，单击"更改为 MoveL"，因为最后一条运动的起点是在工件表面，此时需要直线运动至离开点，这样可以避免在离开过程中发生碰撞。

然后还需要增加对工具信号的动作信号的控制指令。

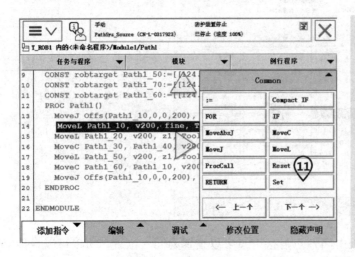

⑪ 选中第二行，单击"添加指令"，单击"Set"。

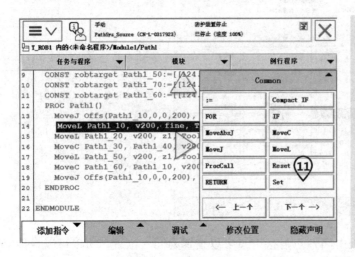

⑫ 选择工具控制信号"doGunOn"，单击下面的"确定"。

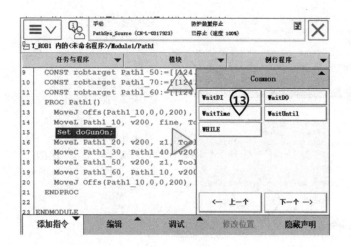

⑬ 工具控制信号之后一般需要增加延迟，单击"添加指令"，单击"下一个"，然后单击"WaitTime"，并将等待时间设置为 0.5s。

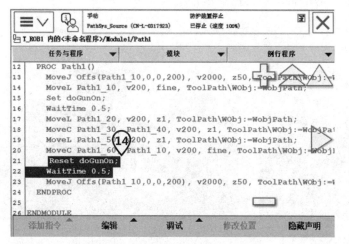

⑭ 同理，在加工轨迹结束指令 MoveC Path1_60……后面添加工具信号的复位操作，并且增加延迟 0.5s。

最后完成 Path1_10 至 Path1_60 各个点位的示教，利用手动操纵将工业机器人移动至 U 形槽轨迹的加工起点，如图 7-21 所示。

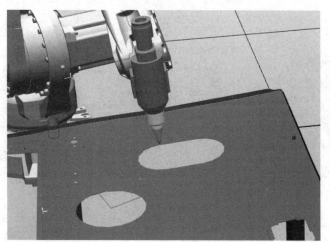

示教目标时，需要将工具调整一下姿态。在此段轨迹中，需要将工具末端方向垂直于当前 U 形槽所处的平面，即法线方向。

图 7-21　利用手动操纵将工业机器人移动至 U 形槽轨迹的加工起点

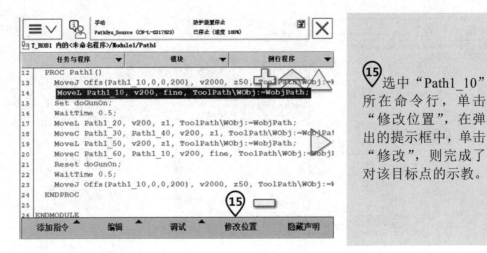

| 任务与程序 ▼ | 模块 ▼ | 例行程序 ▼ |

```
12   PROC Path1()
13       MoveJ Offs(Path1_10,0,0,200), v2000, z50, ToolPath\WObj:=
14       MoveL Path1_10, v200, fine, ToolPath\WObj:=WobjPath;
15       Set doGunOn;
16       WaitTime 0.5;
17       MoveL Path1_20, v200, z1, ToolPath\WObj:=WobjPath;
18       MoveC Path1_30, Path1_40, v200, z1, ToolPath\WObj:=WobjPat
19       MoveL Path1_50, v200, z1, ToolPath\WObj:=WobjPath;
20       MoveC Path1_60, Path1_10, v200, fine, ToolPath\WObj:=WobjP
21       Reset doGunOn;
22       WaitTime 0.5;
23       MoveJ Offs(Path1_10,0,0,200), v2000, z50, ToolPath\WObj:=W
24   ENDPROC
25
26  ENDMODULE
```

| 添加指令 ▲ | 编辑 ▲ | 调试 ▲ | 修改位置 | 隐藏声明 |

⑮ 选中"Path1_10"所在命令行，单击"修改位置"，在弹出的提示框中，单击"修改"，则完成了对该目标点的示教。

依此类推，完成后续目标点的示教，各目标点示教示例如下：

Path1_20 如图 7-22 所示。

Path1_30 如图 7-23 所示。

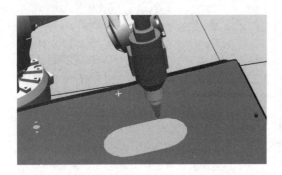

图 7-22　Path1_20

图 7-23　Path1_30

Path1_40 如图 7-24 所示。

Path1_50 如图 7-25 所示。

图 7-24　Path1_40

图 7-25　Path1_50

Path1_60 如图 7-26 所示。

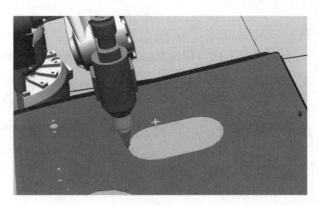

图 7-26　Path1_60

示教完成后，开始程序调试。

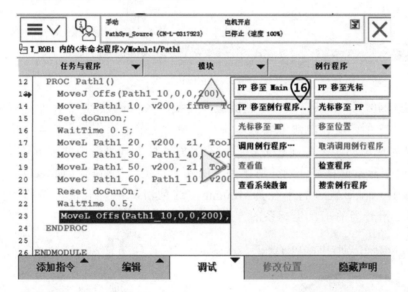

⑯ 单击"调试"，单击"PP 移至例行程序…"，然后选择"Path1"，单击"确定"。

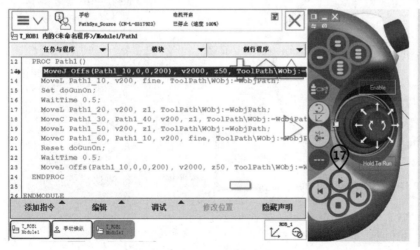

⑰ 按下使能键上电，然后单击启动按钮，观察工业机器人运动轨迹是否满足要求。

7. 圆形轨迹编辑

按照之前的操作，再创建一个例行程序 Path2 来编辑圆形轨迹，如图 7-27 所示。

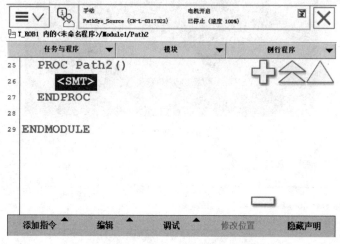

图 7-27　再创建一个例行程序 Path2

因为角度不能超过 240°，所以完成一个整圆至少需要两条 MoveC 指令，而且点位至少需要 4 个，如图 7-28 所示。在轨迹编辑过程中可以参考之前的操作，示教 4 个目标点，然后利用 MoveC 完成运动。但在此任务中我们换另外一种方式来完成此圆形轨迹，只示教圆心，然后利用坐标系偏移，分别计算出圆上的 4 个点位，从而利用 MoveC 完成整个轨迹。在此任务中，圆形轨迹的半径为 100mm，这种情况下一般使用偏移函数 RelTool，即参考基准点沿着当前工具坐标系的方向进行偏移。

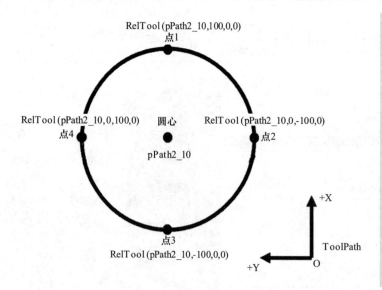

图 7-28　至少需要 4 个点位

RelTool，相对于工具坐标系方向进行偏移，示教基准点时，一般将工具 Z 方向设置为当前加工面的法线方向，则当前工具坐标系 XY 构成的面与当前加工面平行，则可以直接参考工具坐标系的 XY 方向进行偏移。

在 Path2 中添加一条直线运动 MoveL 指令，先移动至圆上的点 1 位置。

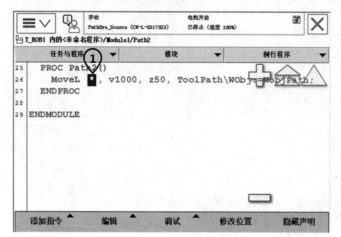

① 双击星号，对其进行编辑。

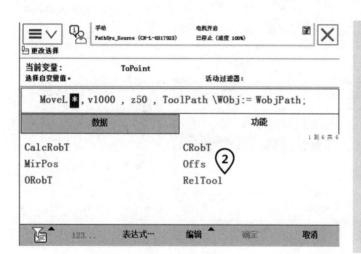

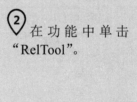

② 在功能中单击"RelTool"。

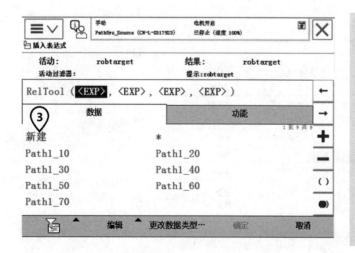

③ RelTool 函数结构与之前的 Offs 一致，第一个参数为偏移的基准点，选中第一个参数，然后单击"新建"，创建一个目标点，即圆形轨迹的圆心，将其命名为"Path2_10"。

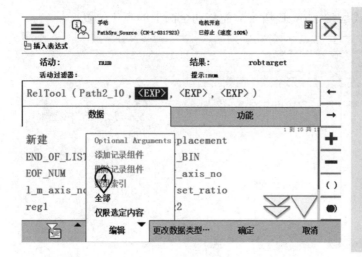

④ 单击"编辑"中的"全部",对后续三个参数进行偏移。参考之前的圆形轨迹示意图,点 1 是相对于圆心,朝着工具坐标系 X 方向偏移100mm(圆形半径为100mm),所以 X、Y、Z 偏移量设置为100、0、0。

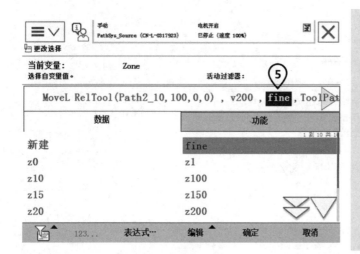

⑤ 速度更改为 v200,转角路径更改为 fine,因为此位置为圆形轨迹的起点,所以需要完全到达,单击"确定"。

接下来连续添加两条 MoveC 指令。

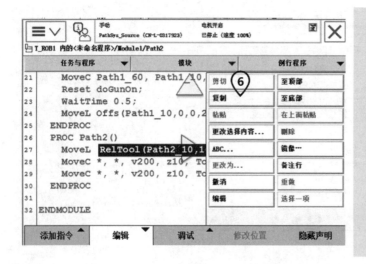

⑥ MoveC 中使用的目标点均是相对于圆心 Path2_10 偏移的位置,所以可以将第一行中的 RelTool 结构单独进行复制,然后粘贴到 MoveC 中的目标点位置,选中 RelTool 结构,单击"编辑",单击"复制",然后依次选中 MoveC 中的星号位置,单击"粘贴"。

然后对 MoveC 中的目标点进行编辑修改即可。

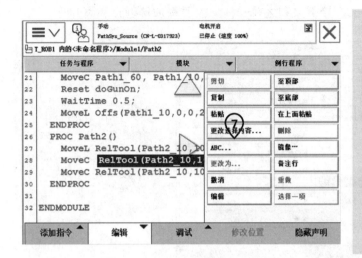

⑦ 选中 MoveC 中的第一个 RelTool 结构，单击"编辑"，单击"ABC..."，调出软键盘对其进行编辑。

⑧ 此处应编辑为之前图示中的点 2 的位置，即 X、Y、Z 偏移量为 0、–100、0，单击下面的"确定"。

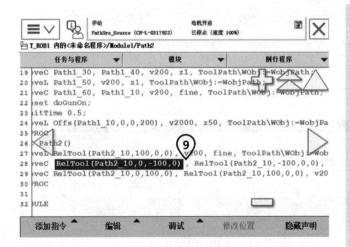

⑨ 依此类推，修改后续的目标点，点 3 的 X、Y、Z 偏移量为 –100、0、0；点 4 的 X、Y、Z 偏移量为 0、100、0；圆形轨迹的最后一个点也就是起点，其偏移量与第一个点一样，即偏移量仍为 100、0、0。

将两条 MoveC 中的速度均设为 v200，第一条 MoveC 中的转角路径设为 z1，第二条 MoveC 中的转角路径设为 fine，接下来和之前一样，需要增加接近点和离开点。

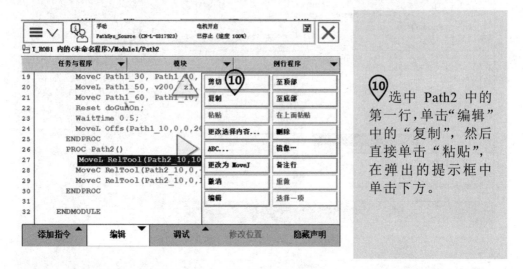

⑩ 选中 Path2 中的第一行，单击"编辑"中的"复制"，然后直接单击"粘贴"，在弹出的提示框中单击下方。

修改第一条运动指令中的目标点，利用编辑中的"ABC…"将 RelTool 中的 X、Y、Z 偏移量更改为 100、0、−200。此处需要格外注意，因为使用的偏移函数为 RelTool，即相对于当前基准点沿着工具坐标系方向进行偏移，示教基准点为圆心时，需要将工具坐标系的 Z 方向示教当前圆形轨迹所在平面的法线方向，而且工具的 Z 方向是朝向工件下方的，接近点需要设在工件上方，所以需要朝着工具的 Z 轴负方向偏移 200mm；之后把该运动指令中的速度修改为 v2000，此位置为过渡点，将转角路径更改为 z50；最后将该运动指令更改为 MoveJ 类型，即单击"编辑"中的"更改为 MoveJ"进行修改，操作方法可参考之前的操作步骤，结果如图 7-29 所示。

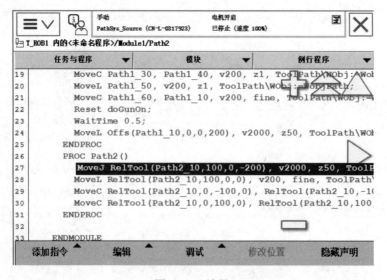

图 7-29　结果

接下来添加离开点，参考之前操作，直接复制第一行，然后选中最后一行，单击"粘贴"，运动类型更改为 MoveL，如图 7-30 所示。

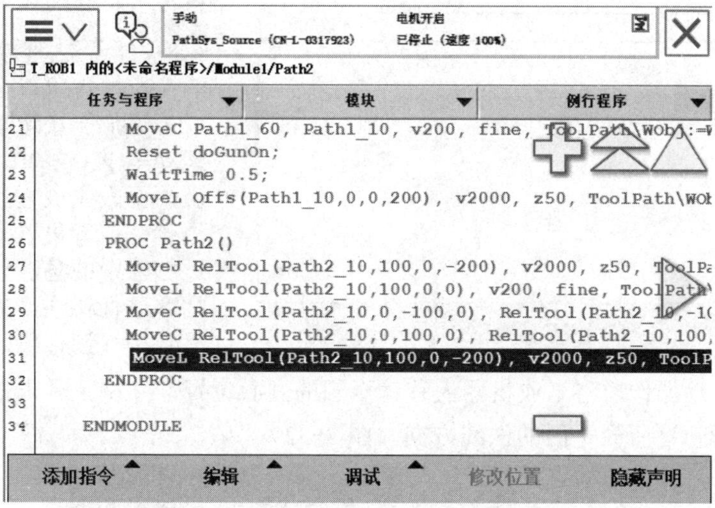

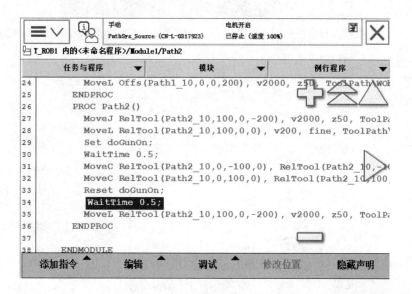

图 7-30　添加离开点

然后添加工具信号控制指令和延迟指令。在加工起点位置后面增加 Set doGunOn 和 WaitTime 0.5；在加工终点位置后面增加 Reset doGunOn 和 WaitTime 0.5，如图 7-31 所示。操作方法可参考之前的操作。

图 7-31　添加工具信号指令和延迟指令

完成编辑之后，需要示教基准点及圆心 Path2_10。因为在该例行程序中工业机器人并未直接运动至 Path2_10，所以在现有的程序内容中无法单独选中 Path2_10 来修改位置。针对这种情况，可以在"程序数据"菜单中找到该目标点进行修改位置的操作。

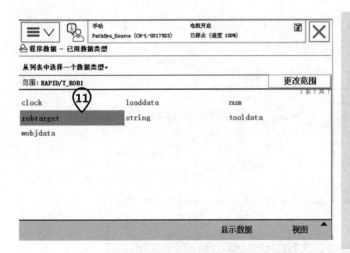

11 在"程序数据"菜单中，选中目标点数据类型"robtarget"，单击"显示数据"。

ℹ️ 关于无法直接示教目标点的情况，也可以在此例行程序中先添加一条运动指令，直接运动至 Path2_10，然后进行示教，示教完成之后再把该条指令删掉或者设置为备注行。通过编辑中的备注行，将选中的指令进行备注，则工业机器人不会执行该行代码。

　　然后通过手动操作，将工业机器人移动至圆的圆心位置，并将工具末端方向即 Z 方向设置为当前圆形轨迹所处平面的法线方向（图 7-32）。

图 7-32　将工业机器人移至圆的圆心位置，Z 方向位置设为当前圆形轨迹所处平面的法线方向

之后，对 Path2_10 进行示教。

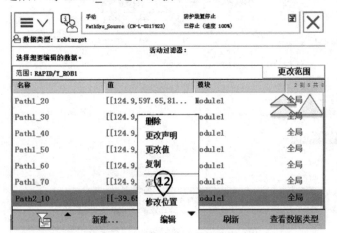

12 选中"Path2_10"，单击"编辑"中的"修改位置"，完成对该目标点的示教。

　　示教完成后，返回程序编辑器菜单，接着完成对 Path2 程序的调试，调试步骤可参考之前的操作，验证一下工业机器人运动是否满足要求。

　　后面读者可以自由练习，创建 Path3、Path4 等轨迹，完成整个工件的轨迹处理（图 7-33），这里不再一一详解。

图 7-33　完成整个工件的轨迹处理

8. 主程序编辑及调试

编辑完各例行程序之后，创建主程序。主程序使用特定的名称 Main，是整个程序统一的入口，在一套完整的程序中必须有且只能有一个主程序。

① 新建一个例行程序，将其"名称"设为"Main"，单击"确定"，然后双击新建的例行程序，对其进行编辑。

主程序开始部分先让工业机器人运动至工作原位，即 HOME 点。HOME 点一般需要根据工作站布局来进行设置，工业机器人运行时，从 HOME 点开始运动，完成工件轨迹处理之后，再返回 HOME 点，等待下一个工件的加工处理。一般使用关节运动 MoveJ 指令运动至 HOME 点，并且使用转角路径 fine。

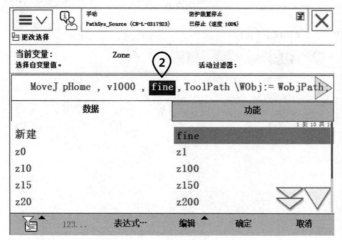

② 在 Main 中添加指令，关节运动 MoveJ，新建一个目标点，命名为 pHome，速度设置为 v1000，转角路径设置为 fine，单击"确定"。

之后，将工业机器人移动至合适的位置，可参考图 7-34 所示位置，完成对 pHome 的示教。

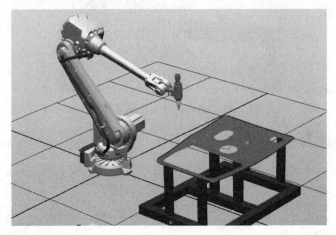

图 7-34　参考位置

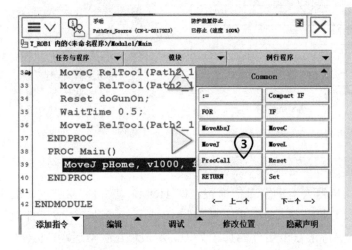

③ 单击"添加指令"，单击"ProcCall"，调用例行程序。

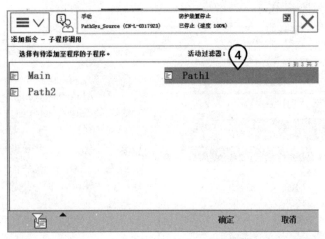

④ 选择"Path1"，单击"确定"，即先调用例行程序 Path1，在弹出的提示框中选择"添加在下方"。

按照上述步骤，调用例行程序 Path2，若还有其他编辑好的轨迹程序，则往后依次进行调用，如图 7-35 所示。

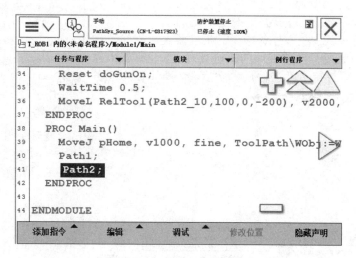

图 7-35　调用例行程序

调用完成之后，工业机器人需要运动回 HOME 位置，可以直接复制一下 Main 中的第一行，然后选中最后一行进行粘贴。

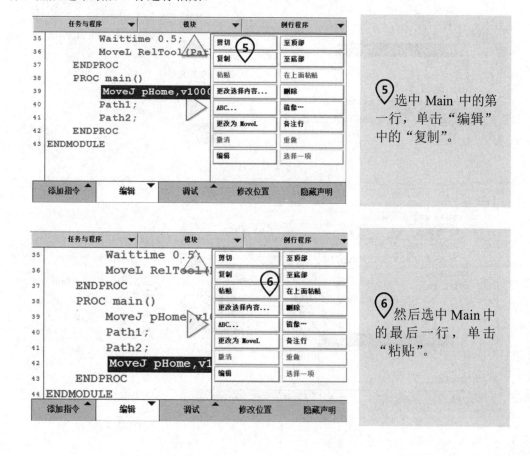

完成编辑之后，进行整体调试。程序运行有单周和连续两种模式。单周即为程序运行完一次之后程序自动停止运行，连续即为程序运行完一次之后自动从头开始运行，即循环运行。可根据当前工作站的实际工艺需要来选择运行模式。在本任务中，工业机器人运行完一次程序之后即完成了当前工件的轨迹处理，工业机器人需要停止运行，等待更换工件后再次启动，所以在本任务中可以使用单周模式。

在实际应用中也可使用连续模式，但是需要利用外围检测在程序中添加逻辑判断，确定更换工件之后再自动开始下一次轨迹处理。在本任务里暂时不涉及逻辑判断指令，在下一个应用任务中再展开讲解。

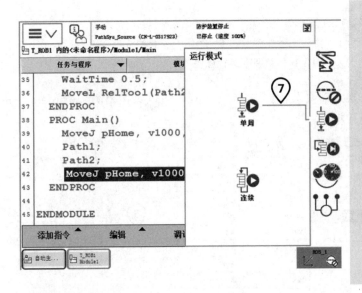

⑦ 单击触摸屏右下角的快捷键，选择第三个菜单，即"单周"，然后再单击一次快捷键即可关闭此弹出菜单。

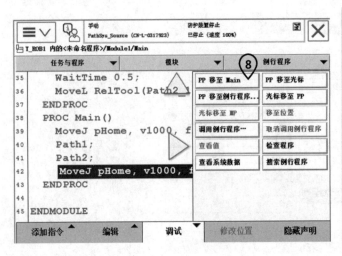

⑧ 单击"调试"，单击"PP 移至 Main"；之后单击启动按钮，进行程序整体调试，观察工业机器人运动是否满足要求。

接下来切换至自动模式来运行程序。

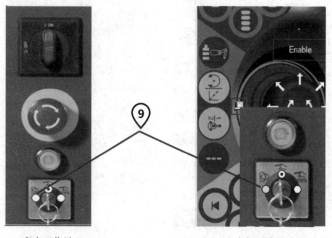

真实工作站   虚拟工作站

⑨ 若是在真实工作站中，需要在控制柜面板上通过钥匙将工业机器人切换至左侧的自动模式。

若是在虚拟工作站中，则在虚拟示教器摇杆旁的按钮弹出框中单击左侧的自动模式。

之后在弹出的提示框中单击"确定"。

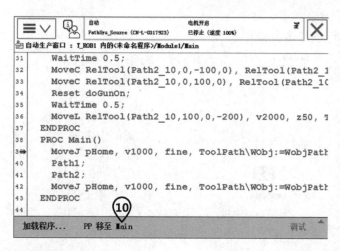

```
自动                        电机开启
PathSys_Source (CN-L-0317923)   已停止 (速度 100%)
自动生产窗口：T_ROB1 内的<未命名程序>/Module1/Main
31    WaitTime 0.5;
32    MoveC RelTool(Path2_10,0,-100,0), RelTool(Path2_1
33    MoveC RelTool(Path2_10,0,100,0), RelTool(Path2_10
34    Reset doGunOn;
35    WaitTime 0.5;
36    MoveL RelTool(Path2_10,100,0,-200), v2000, z50, T
37  ENDPROC
38  PROC Main()
39    MoveJ pHome, v1000, fine, ToolPath\WObj:=WobjPat
40    Path1;
41    Path2;
42    MoveJ pHome, v1000, fine, ToolPath\WObj:=WobjPath
43  ENDPROC
44
加载程序...    PP 移至 Main                      调试
```

⑩ 示教器屏幕会自动切换至自动生产窗口，单击"PP 移至 Main"，从主程序开始运行。

之后控制电机上电。

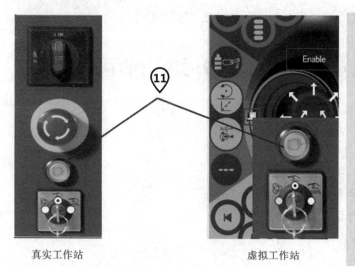

真实工作站   虚拟工作站

⑪ 若是在真实工作站中，需要单击控制器面板上的白色上电按钮。

若是在虚拟工作站中，需要单击虚拟示教器摇杆旁按钮弹出窗口中的白色上电按钮。

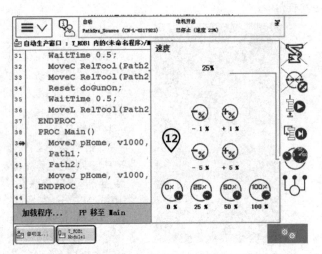

12 首次自动运行，建议先将程序运行速度降低，运行没问题后再恢复至 100%速度运行；单击触摸屏右下角快捷键，在弹出窗口中单击第 5 个菜单，然后修改运行速度百分比，例如修为 25%。

接着启动程序，观察工业机器人运动是否满足要求，如果没有问题即可将速度修改为 100%，再次启动查看最终运行效果。

若运行结果没有问题，即可执行备份操作。

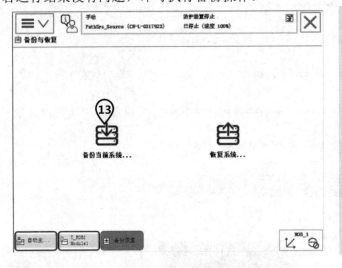

13 在"备份与恢复"菜单中单击"备份当前系统..."，设置备份文件夹的名称以及存放路径，进行备份。

任务 7-2　ABB 工业机器人典型搬运应用的调试

工作任务

➤ 掌握搬运应用 I/O 信号的定义
➤ 掌握搬运类工具坐标系、工件坐标系的设置
➤ 掌握有效载荷数据的设置
➤ 掌握位置偏移算法
➤ 掌握逻辑指令的运用

- ➤ 掌握中断程序的运用
- ➤ 掌握多工位程序的编辑

1. 任务准备

双击"PalletizeStn.exe"（图 7-36），打开搬运工作站视图文件。
运行此工作站，可查看本工作站的运行情况，从而先明确本任务的学习目标。

图 7-36　双击"PalletizeStn.exe"

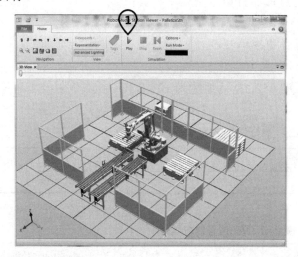

① 单击"Play"。

双击"PalletizeStn_Source_608.rspag"（图 7-37），解压该搬运工作站。

按照解压向导完成该工作站的解压，详细步骤可参考任务 7-1 中的内容。

该工作站中已配置好了 1 号工位（右侧输送链及托盘）的通信及程序，可以直接仿真运行 1 号工位的运行情况。

图 7-37　双击"PalletizeStn_Source_608.rspag"

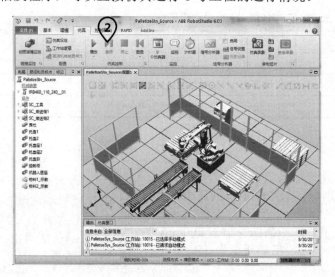

② 单击"仿真"菜单，单击"播放"，查看右侧工位的运行情况。

在本任务中，需要先学习单工位的搬运码垛，然后拓展为双工位的搬运码垛，从而掌握搬运码垛的程序模板，以后遇到类似的应用可以直接在此模板上进行修改，可快速设计成多工位的程序。

2. I/O 信号说明

在本工作站中，已配置好 1 号工位的 I/O 信号以及工具控制信号。

diBoxInPos1：1 号工位输送链产品到位信号。

diPalletInPos1：1 号工位托盘到位信号。

diPalletChanged1：1 号工位托盘更换信号。

doGrip：吸盘工具控制信号。

使用的是标准 I/O 通信板 DSQC 652，默认地址为 10，DSQC 652 板以及上述信号的属性见表 7-3。

表 7-3　DSQC 652 板及信号属性

使用来自模板的值	Name	Address
DSQC 652 Combi I/O Device	Board10	10

已配置的 I/O 信号对应属性见表 7-4。

表 7-4　I/O 信号对应属性

Name	Type of signal	Assigned to Device	Device Mapping
diBoxInPos1	Digital Input	Board10	0
diPalletInPos1	Digital Input	Board10	1
diPalletChanged1	Digital Input	Board10	2
doGrip	Digital Output	Board10	0

在此基础上需要拓展为双工位，则对应 2 号工位的信号也需要进行对应的设置。增加的 I/O 信号对应属性见表 7-5。

表 7-5　增加的 I/O 信号对应属性

Name	Type of signal	Assigned to Device	Device Mapping
diBoxInPos2	Digital Input	Board10	3
diPalletInPos2	Digital Input	Board10	4
diPalletChanged2	Digital Input	Board10	5

3. 工具坐标系说明

在本搬运应用中，工具坐标系的设置较为简单，无须使用上个任务中的 TCP 标定法来标定，只需相对于初始工具坐标系 Tool0 沿着其 Z 方向偏移一定的距离即可，如图 7-38 所示。吸盘下表面距离法兰盘为 200mm，工具重心距离法兰盘约 120mm，工具质量为 25kg。

工具载荷部分后续可以通过自动测载荷功能进行自动测试，以确保使用正确的载荷数据。

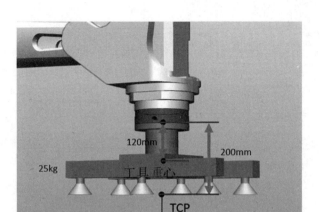

图 7-38   相关数值

在该工作站中已配置好对应的工具数据 tGrip，可在示教器手动操纵界面的工具坐标里查看 tGrip 相关数值。具体操作如下：

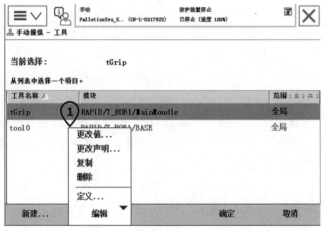

① 选中"tGrip"，单击"编辑"，单击"更改值…"。

② tGrip 原点位置只是相对于 tool0 沿着其 Z 方向偏移 200mm。

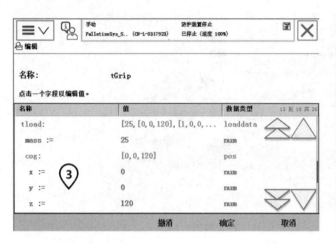

③ 工具载荷 25kg，重心沿着 tool0 的 Z 方向偏移 120mm。

4. 工件坐标系说明

在该应用中，直接使用的是初始工件坐标系 Wobj0，未创建工件坐标系。在类似应用中，是否创建工件坐标系取决于编程习惯，因为在这样的应用中涉及的点位比较少，且码垛的排列方向可以直接参考 Wobj0 的方向，所以可以不创建。

ℹ 若创建工件坐标系，一般参考托盘角点或者中心点作为原点，托盘摆放方向作为坐标系方向。

5. 有效载荷数据说明

在搬运应用中还需要设置有效载荷数据，用以表示拾取物料的质量相关信息。在本任务中对应的即为需要搬运的箱子，如图 7-39 所示，箱子的质量估算为 40kg，其重心相对于 TCP 来说沿着其 Z 方向偏移 100mm。

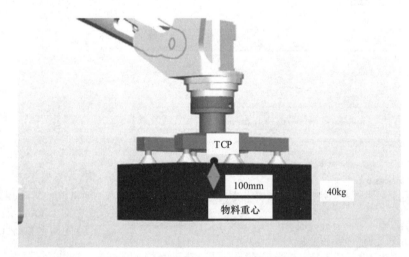

图 7-39　需要搬运箱子的质量相关信息

该工作站已经配置好有效载荷数据 LoadFull，在示教器的手动操纵界面进入有效载荷，查看 LoadFull 相关数值。具体操作如下：

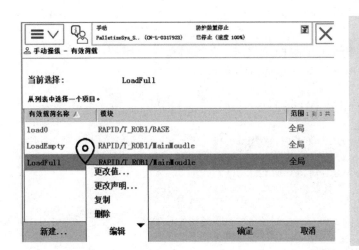

选中"LoadFull"，单击"编辑"，单击"更改值…"，查看该数据数值。

有效载荷数据的重心偏移量参考的是 TCP 位置，而不是法兰盘位置；有效载荷数据也可以通过自动测载荷功能进行测算，以确保使用准确的载荷数据。

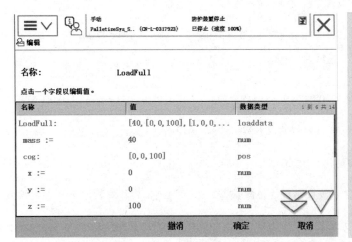

此外，一般还会创建一个空的有效载荷数据，在名称上与有效载荷数据 LoadFull 对应。例如在本工作站已设置好另一个有效载荷数据 LoadEmpty，里面的数值直接设置为一个很小的数，用以表示空载荷，也可以直接使用初始有效载荷数据 Load0。可在有效载荷数据里查看 LoadEmpty 中的相关数值，如图 7-40 所示。

图 7-40　LoadEmpty 相关数值

6. 程序解读

在该工作站中已编写好 1 号工位的程序代码，先整体解读一下程序内容，然后以此为模块，将其更改为双工位的程序，从而完成本任务的目标。

```
MODULE MainMoudle
    PERS tooldata tGrip:=[TRUE,[[0,0,200],[1,0,0,0]],[25,[0,0,120],[1,0,0,0],0,0,0]];
! 定义工具坐标系数据
    PERS loaddata LoadEmpty:=[0.01,[0,0,1],[1,0,0,0],0,0,0];
! 定义工业机器人未拾取物料时对应的有效载荷数据，质量值很小，可视为空载荷
    PERS loaddata LoadFull:=[40,[0,0,100],[1,0,0,0],0,0,0];
! 定义工业机器人拾取物料时对应的有效载荷数据
    PERS robtarget
pHome:=[[1620.00,-0.00,1331.59],[1.27986E-06,-0.707107,-0.707107,1.27986E-06],[0,0,1,0],[9E+09,9E+09,9
E+09,9E+09,9E+09,9E+09]];
! 定义工业机器人工作原位数据HOME点
    PERS robtarget
pActualPos:=[[1488.01,376.827,1331.59],[9.26499E-07,-0.707106,-0.707107,1.55489E-06],[0,0,1,0],[9E+09,9
E+09,9E+09,9E+09,9E+09,9E+09]];
! 定义当前停止位置目标点数据，运行过程中可使用CrobT函数计算当前工业机器人的位置
    PERS robtarget
pPick1:=[[1488.007792464,376.826660408,476.964684195],[0,0.707106307,0.707107256,0],[0,0,1,0],[9E9,9E
9,9E9,9E9,9E9,9E9]];
! 定义工业机器人在1号工位输送链末端物料的位置数据
    PERS robtarget
pPlace1:=[[-292.446,1263.27,455.449],[0,0.707107,0.707106,0],[1,0,2,0],[9E+09,9E+09,9E+09,9E+09,9E+09,9
E+09]];
! 定义工业机器人在1号工位托盘上放置物料的位置数据，后续通过位置计算程序不断刷新该数据
    PERS robtarget
pBase1_0:=[[-292.446294945,1263.272085268,55.449220723],[0,0.707107387,0.707106176,0],[1,0,2,0],[9E9,9
E9,9E9,9E9,9E9,9E9]];
! 定义在1号工位托盘上放置物料的基准目标位置，物料长边顺着托盘长边的姿态
    PERS robtarget
pBase1_90:=[[-391.976797324,1362.469634994,55.449159414],[0,1,-0.000030621,0],[1,0,3,0],[9E9,9E9,9E9,9
E9,9E9,9E9]];
! 定义在1号工位托盘上放置物料的基准目标位置，物料长边顺着托盘短边的姿态
    PERS robtarget
pPickH1:=[[1488.01,376.827,876.965],[0,0.707106,0.707107,0],[0,0,1,0],[9E+09,9E+09,9E+09,9E+09,9E+09,9
E+09]];
! 定义工业机器人在1号工位输送链末端拾取物料前后抬高的位置
    PERS robtarget
pPlaceH1:=[[-292.446,1263.27,876.965],[0,0.707107,0.707106,0],[1,0,2,0],[9E+09,9E+09,9E+09,9E+09,9E+09
,9E+09]];
! 定义工业机器人在1号工位托盘处放置物料前后抬高的位置
    PERS speeddata MinSpeed:=[1000,300,5000,1000];
    PERS speeddata MidSpeed:=[2500,400,5000,1000];
    PERS speeddata MaxSpeed:=[4000,500,5000,1000];
! 定义不同的速度数据，用于控制不同的运动过程
    PERS bool bPalletFull1:=FALSE;
! 定义1号工位的码垛满载布尔量，作为满载标记，用于逻辑控制
    PERS num nCount1:=1;
```

! 定义1号工位的码垛计数器，用于码垛计数
　　VAR intnum iPallet1;
! 定义1号工位的中断数据，用于1号工位中断程序触发
　　PROC Main()
! 声明主程序
　　　rInitAll;
! 调用初始化程序，用于复位工业机器人位置、I/O信号、相关数据等
　　　WHILE TRUE DO
! 使用WHILE TRUE DO无限循环结构，将工业机器人初始化程序与需要重复执行的码垛程序隔离，通常只会在主程序中出现此结构
　　　　　IF diBoxInPos1=1 AND diPalletInPos1=1 AND bPalletFull1=FALSE THEN
! IF判断当前1号工位是否满足执行码垛条件，必须同时满足物料到位、托盘到位、托盘未满载三个条件方可执行
　　　　　　　rPosition1;
! 调用1号工位码垛位置计算程序
　　　　　　　rPick1;
! 调用1号工位物料拾取程序
　　　　　　　rPlace1;
! 调用1号工位物料放置程序
　　　　　ENDIF
　　　　　WaitTime 0.1;
! 等待0.1s，防止当不满足码垛条件时CPU不断高速扫描而造成的过热报警
　　　ENDWHILE
　　ENDPROC

　　PROC rInitAll()
! 声明初始化程序
　　　Reset doGrip;
! 将吸盘控制信号复位
　　　pActualPos:=CRobT(\tool:=tGrip);
! 利用CRobT函数读取当前工业机器人位置，并将其赋值给pActualPos
　　　pActualPos.trans.z:=pHome.trans.z;
! 将Home位置数据的Z值赋值给pActualPos位置数据
　　　MoveL pActualPos,MinSpeed,fine,tGrip\WObj:=wobj0;
! 工业机器人运动至经过计算后的pActualPos位置
　　　MoveJ pHome,MidSpeed,fine,tGrip\WObj:=wobj0;
! 工业机器人运动至工作原位HOME位置；通过上述4步，可实现工业机器人在初始化过程中，从当前停止位置竖直抬升到与HOME一样的高度后再返回HOME位置，这样可以降低回HOME过程中的碰撞风险
　　　bPalletFull1:=FALSE;
! 复位1号工位托盘满载布尔量
　　　nCount1:=1;
! 复位1号工位码垛计数器
　　　IDelete iPallet1;
! 断开中断数据iPallet1的中断链接
　　　CONNECT iPallet1 WITH tPallet1;
! 将中断数据iPallet1与中断程序tPallet1进行链接
　　　ISignalDI diPalletChanged1,1,iPallet1;
! 定义触发条件，当托盘更换信号diPalletChanged1上升沿时，触发中断数据iPallet1，从而与其链接的中断程序tPallet1被调用一次；该中断程序用于当1号工位满载的托盘更换之后，复位1号工位相关数据，从而再次执行1号工位码垛任务

```
        ISleep iPallet1;
```
! 暂时将中断数据iPallet1休眠，在后续指定的位置再激活。在休眠过程中中断监控无效，只有在激活过程中中断监控才有效
```
    ENDPROC

    PROC rPick1()
```
! 声明1号工位物料拾取程序
```
        MoveJ pPickH1,MaxSpeed,z50,tGrip\WObj:=wobj0;
```
! 移动至1号工位拾取位置上方
```
        MoveL pPick1,MinSpeed,fine,tGrip\WObj:=wobj0;
```
! 移动至1号工位拾取位置
```
        Set doGrip;
```
! 置位吸盘工具控制信号，产生真空，拾取物料
```
        WaitTime 0.3;
```
! 延迟0.3s，确保物料完全被拾取，需要根据实际情况调整延迟时间
```
        GripLoad LoadFull;
```
! 拾取完成后加载有效载荷数据LoadFull
```
        MoveL pPickH1,MinSpeed,z50,tGrip\WObj:=wobj0;
```
! 移动至1号工位拾取位置上方
```
    ENDPROC

    PROC rPlace1()
```
! 声明1号工位放置程序
```
        MoveJ pPlaceH1,MidSpeed,z50,tGrip\WObj:=wobj0;
```
! 移动至1号工位托盘放置位置上方
```
        MoveL pPlace1,MinSpeed,fine,tGrip\WObj:=wobj0;
```
! 移动至1号工位托盘上面的放置位置
```
        Reset doGrip;
```
! 复位吸盘工具控制信号，释放物料
```
        WaitTime 0.3;
```
! 延迟0.3s，确保物料被完全释放，需要根据实际情况调整延迟时间
```
        GripLoad LoadEmpty;
```
! 放置完成后加载空有效载荷数据LoadEmpty
```
        MoveL pPlaceH1,MidSpeed,z50,tGrip\WObj:=wobj0;
```
! 移动至1号工位托盘上面的放置位置上方
```
        MoveJ pPickH1,MaxSpeed,z50,tGrip\WObj:=wobj0;
```
! 移动至1号工位拾取位置上方
```
        nCount1:=nCount1+1;
```
! 1号工位码垛计数累计加1
```
        IF nCount1>20 THEN
```
! IF判断当前码垛计数器数值是否大于20，该工作站中托盘上需要码垛20个物料
```
            bPalletFull1:=TRUE;
```
! 若IF条件成立，即已超过20，则将满载布尔量设置为TRUE
```
            IWatch iPallet1;
```
! 激活1号工位中断程序，中断监控开启，若1号工位托盘更换信号有上升沿，则触发对应中断程序，执行相关复位操作
```
        ENDIF
    ENDPROC

    PROC rPosition1()
```

! 声明1号工位放置位置计算程序
　　　　TEST nCount1
! 判断当前1号工位计数器数值

! 托盘上奇数层、偶数层摆放方式如图7-41所示，分别示教了2个基准点，均位于托盘的第一层，其中pBase_0为竖着的姿态，pBase_90为横着的姿态，对应1号工位的2个基准点分别为pBase1_0和pBase1_90，其他位置均是相对于这两个基准点偏移相应的产品箱长度600mm、宽度400mm、高度200mm，再加上产品箱之间的摆放间隔10mm

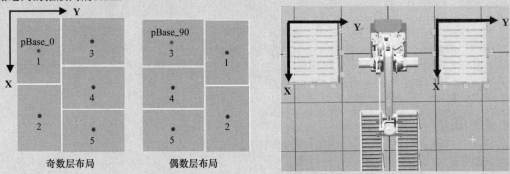

奇数层布局　　　　　偶数层布局

图 7-41　托盘上奇数层、偶数层摆放方式

　　　　CASE 1:
　　　　　　pPlace1:=Offs(pBase1_0,0,0,0);
! 当计数器为1时，计算第1个放置位置，即示教的基准位置pBase_0，所以偏移量均为0
　　　　CASE 2:
　　　　　　pPlace1:=Offs(pBase1_0,600+10,0,0);
! 当计数器为2时，计算第2个放置位置，相对于pBase_0沿着工件坐标wobj0的X方向偏移一个产品长度（即600mm），再加上1个产品间隔10mm
　　　　CASE 3:
　　　　　　pPlace1:=Offs(pBase1_90,0,400+10,0);
! 当计数器为3时，计算第3个放置位置，相对于pBase_90沿着工件坐标wobj0的Y方向偏移一个产品的宽度（即400mm），再加上一个产品间隔10mm
　　　　CASE 4:
　　　　　　pPlace1:=Offs(pBase1_90,400+10,400+10,0);
! 当计数器为4时，计算第4个放置位置，相对于pBase_90沿着工件坐标wobj0的X方向偏移一个产品宽度，即400mm，再加上1个产品间隔10mm，并沿着工件坐标wobj0的Y方向偏移一个产品的宽度（即400mm），再加上一个产品间隔10mm
　　　　CASE 5:
　　　　　　pPlace1:=Offs(pBase1_90,800+20,400+10,0);
! 当计数器为5时，计算第5个放置位置，相对于pBase_90沿着工件坐标wobj0的X方向偏移两个产品宽度（即800mm），再加上2个产品间隔20mm，并沿着工件坐标wobj0的Y方向偏移一个产品的宽度（即400mm），再加上一个产品间隔10mm

! 依此类推，在后续对应的CASE中分别根据码垛计数器的数值计算对应的放置位置，在计算时要注意选取对应的参考基准点以及对应的偏移量

　　　　CASE 6:
　　　　　　pPlace1:=Offs(pBase1_0,0,600+10,200);
　　　　CASE 7:
　　　　　　pPlace1:=Offs(pBase1_0,600+10,600+10,200);
　　　　CASE 8:
　　　　　　pPlace1:=Offs(pBase1_90,0,0,200);
　　　　CASE 9:

```
        pPlace1:=Offs(pBase1_90,400+10,0,200);
    CASE 10:
        pPlace1:=Offs(pBase1_90,800+20,0,200);
    CASE 11:
        pPlace1:=Offs(pBase1_0,0,0,400);
    CASE 12:
        pPlace1:=Offs(pBase1_0,600+10,0,400);
    CASE 13:
        pPlace1:=Offs(pBase1_90,0,400+10,400);
    CASE 14:
        pPlace1:=Offs(pBase1_90,400+10,400+10,400);
    CASE 15:
        pPlace1:=Offs(pBase1_90,800+20,400+10,400);
    CASE 16:
        pPlace1:=Offs(pBase1_0,0,600+10,600);
    CASE 17:
        pPlace1:=Offs(pBase1_0,600+10,600+10,600);
    CASE 18:
        pPlace1:=Offs(pBase1_90,0,0,600);
    CASE 19:
        pPlace1:=Offs(pBase1_90,400+10,0,600);
    CASE 20:
        pPlace1:=Offs(pBase1_90,800+20,0,600);
    DEFAULT:
        TPErase;
        TPWrite "the Counter of line 1 is error,please check it!";
        Stop;
```
! 在TEST判断的末尾处加上DEFAULT，则当计数器数值不为上述任何一个CASE中的数值时，认为计数出错，通过写屏显示当前1号工位计算出错，并且停止程序运行
```
    ENDTEST
    pPickH1:=Offs(pPick1,0,0,400);
```
! 计算拾取上方位置，相对于拾取位置pPick1沿着工件坐标Wobj0的Z方向偏移400mm
```
    pPlaceH1:=Offs(pPlace1,0,0,400);
```
! 计算放置上方位置，相对于放置位置pPlace1沿着工件坐标Wobj0的Z方向偏移400mm

! 为了保证拾取前后位置与放置前后位置之间的来回运动不会与周边发生碰撞，在完成上述基本运算之后，还需比较两者高度值的情况，谁高度值大则以其高度值为准进行运算，这样保证两者在运动中保持同一高度，可尽量避免发生碰撞，当然运动过程中可能会损失少许节拍。对应运动过程可参考图7-42。

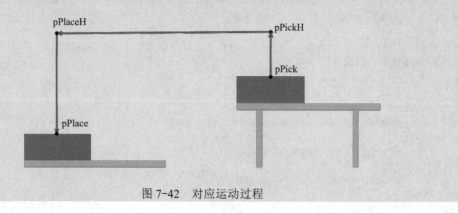

图 7-42　对应运动过程

```
            IF pPickH1.trans.z<=pPlaceH1.trans.z THEN
                    pPickH1.trans.z:=pPlaceH1.trans.z;
! 若pPlaceH1高度Z值大，则将pPlaceH1的Z值赋值给pPickH1
            ELSE
                    pPlaceH1.trans.z:=pPickH1.trans.z;
! 反之，则将pPickH1的高度Z值赋值给pPlaceH1
            ENDIF
        ENDPROC


        TRAP tPallet1
! 声明1号工位中断程序，当1号工位托盘更换后，触发更换完成信号上升沿调用一次此程序，执行该程
序中相关复位内容
            bPalletFull1:=FALSE;
! 复位1号工位托盘满载布尔量
            nCount1:=1;
! 复位1号工位码垛计数器
            ISleep iPallet1;
! 休眠1号工位中断程序，这样配合之前的休眠与激活，目的是保证在指定的一段时间内，保持该中断是
可以被触发的，其他时间段内不可触发。在本工作站中是希望在当前工位码垛完成后到人工更换栈板这
一段时间内，该中断可被触发，当工业机器人正在执行此工位码垛任务时不允许该中断触发，这样对于
工作站运行来说较为安全
            TPErase;
            TPWrite "The Pallet in line 1 has been changed!";
! 复位完成之后，通过写屏显示1号工位已完成复位相关状态信息
        ENDTRAP
        PROC rModify()
! 声明目标点示教程序，此程序在工业机器人运行过程中不被调用，仅在手动示教目标点时使用，便于
操作者快速示教该工作站所需基准目标点位
            MoveJ pHome,MinSpeed,fine,tGrip\WObj:=wobj0;
! 将工业机器人移至工业机器人工作等待位置，可选中此条指令或pHome点，单击示教器程序编辑器界
面中的"修改位置"，即可完成对该基准目标点的示教
            MoveJ pPick1,MinSpeed,fine,tGrip\WObj:=wobj0;
! 将工业机器人移至1号工位拾取位置,可选中此条指令或pPick1点,单击示教器"程序编辑器"界面中的"修
改位置"，即可完成对该基准目标点的示教
            MoveJ pBase1_0,MinSpeed,fine,tGrip\WObj:=wobj0;
! 将工业机器人移至1号工位放置基准位置，竖着的姿态，可选中此条指令或pBase1_0点，单击示教器程
序编辑器界面中的"修改位置"，即可完成对该基准目标点的示教
            MoveJ pBase1_90,MinSpeed,fine,tGrip\WObj:=wobj0;
! 将工业机器人移至1号工位放置基准位置，横着的姿态，可选中此条指令或pBase1_90点，单击示教器"程
序编辑器"界面中的"修改位置"，即可完成对该基准目标点的示教
        ENDPROC
ENDMODULE
```

7. 程序修改

　　了解了上述单工位程序内容后，依次对模块进行编辑，将其修改为对应工作站中的双工位程序；可在虚拟示教器中进行修改，在通用程序 Main、rInitAll、tModify 中添加对应 2 号工位的内容，并且复制 rPick1、rPlace1、rPosition1、tPallet1，并将其修改为 2 号工位相关的例行程序。

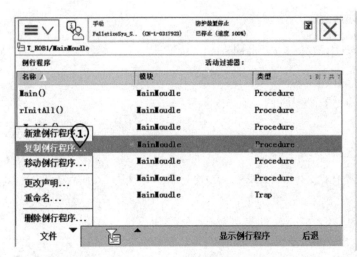

① 在例行程序列表中选中例行程序，单击"文件"，单击"复制例行程序…"。

此处建议直接使用 RobotStudio 软件的程序编程 RAPID 菜单进行文本编辑，这样更为快捷。

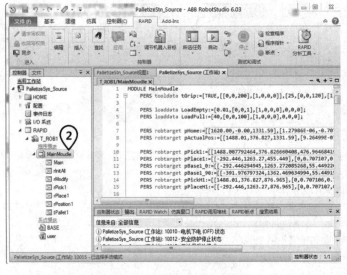

② 在 RAPID 菜单中，在左侧"控制器"选项卡中双击"T_ROB1"的程序模块"MainMoudle"，即可在中间的主视图中对程序进行文本编辑。

在 RAPID 中完成文本编辑后，单击菜单中的"应用"即可确认修改内容，下侧的输出界面显示无错误方可执行，否则需要修改对应出错的内容。

双工位码垛程序参考如下，其中只对 2 号工位的相关内容进行解读，1 号工位程序内容可参考之前的解读。

```
MODULE MainMoudle
    PERS tooldata tGrip:=[TRUE,[[0,0,200],[1,0,0,0]],[25,[0,0,120],[1,0,0,0],0,0,0]];
    PERS loaddata LoadEmpty:=[0.01,[0,0,1],[1,0,0,0],0,0,0];
    PERS loaddata LoadFull:=[40,[0,0,100],[1,0,0,0],0,0,0];
    PERS robtarget
pHome:=[[1620.00,-0.00,1331.59],[1.27986E-06,-0.707107,-0.707107,1.27986E-06],[0,0,1,0],[9E+09,9E+09,9E+09,9E+09,9E+09,9E+09]];
    PERS robtarget
pActualPos:=[[-317.378,-1857.99,1331.59],[1.04609E-06,-0.707108,-0.707106,-1.47709E-06],[-2,0,-1,0],[9E+09,9E+09,9E+09,9E+09,9E+09,9E+09]];
    PERS robtarget
```

```
pPick1:=[[1488.007792464,376.826660408,476.964684195],[0,0.707106307,0.707107256,0],[0,0,1,0],[9E9,9E
9,9E9,9E9,9E9,9E9]];
    PERS robtarget
pPlace1:=[[-292.446,1263.27,55.4492],[0,0.707107,0.707106,0],[1,0,2,0],[9E+09,9E+09,9E+09,9E+09,9E+09,9
E+09]];
    PERS robtarget
pBase1_0:=[[-292.446294945,1263.272085268,55.449220723],[0,0.707107387,0.707106176,0],[1,0,2,0],[9E9,9
E9,9E9,9E9,9E9,9E9]];
    PERS robtarget
pBase1_90:=[[-391.976797324,1362.469634994,55.449159414],[0,1,-0.000030621,0],[1,0,3,0],[9E9,9E9,9E9,
9E9,9E9,9E9]];
    PERS robtarget
pPickH1:=[[1488.01,376.827,876.965],[0,0.707106,0.707107,0],[0,0,1,0],[9E+09,9E+09,9E+09,9E+09,9E+09,9
E+09]];
    PERS robtarget
pPlaceH1:=[[-292.446,1263.27,876.965],[0,0.707107,0.707106,0],[1,0,2,0],[9E+09,9E+09,9E+09,9E+09,9E+09
,9E+09]];

    PERS robtarget
pPick2:=[[1488.013130905,-358.406014736,476.965039287],[0,0.707106307,0.707107256,0],[-1,0,0,0],[9E9,9
E9,9E9,9E9,9E9,9E9]];
! 定义工业机器人在2号工位输送链末端物料的位置数据
    PERS robtarget
pPlace2:=[[-317.378,-1857.99,55.449],[0,0.707108,0.707106,0],[-2,0,-1,0],[9E+09,9E+09,9E+09,9E+09,9E+09,
9E+09]];
! 定义工业机器人在2号工位托盘上放置物料的位置数据，后续通过位置计算程序不断刷新该数据
    PERS robtarget
pBase2_0:=[[-317.378137718,-1857.993871961,55.448967354],[0,0.707107745,0.707105817,0],[-2,0,-1,0],[9E
9,9E9,9E9,9E9,9E9,9E9]];
! 定义在2号工位托盘上放置物料的基准目标位置，物料长边顺着托盘长边的姿态
    PERS robtarget
pBase2_90:=[[-407.525988074,-1755.902485322,55.449282402],[0,1,-0.000031217,0],[-2,0,0,0],[9E9,9E9,9E9,
9E9,9E9,9E9]];
! 定义在2号工位托盘上放置物料的基准目标位置，物料长边顺着托盘短边的姿态
    PERS robtarget
pPickH2:=[[1488.01,-358.406,876.965],[0,0.707106,0.707107,0],[-1,0,0,0],[9E+09,9E+09,9E+09,9E+09,9E+09
,9E+09]];
! 定义工业机器人在2号工位输送链末端拾取物料前后抬高的位置
    PERS robtarget
pPlaceH2:=[[-317.378,-1857.99,876.965],[0,0.707108,0.707106,0],[-2,0,-1,0],[9E+09,9E+09,9E+09,9E+09,9E+
09,9E+09]];
! 定义工业机器人在2号工位托盘处放置物料前后抬高的位置
    PERS speeddata MinSpeed:=[1000,300,5000,1000];
    PERS speeddata MidSpeed:=[2500,400,5000,1000];
    PERS speeddata MaxSpeed:=[4000,500,5000,1000];
    PERS bool bPalletFull1:=FALSE;
    PERS bool bPalletFull2:=FALSE;
! 定义2号工位的码垛满载布尔量，作为满载标记，用于逻辑控制
    PERS num nCount1:=1;
    PERS num nCount2:=1;
```

```
! 定义2号工位的码垛计数器，用于码垛计数
    VAR intnum iPallet1;
    VAR intnum iPallet2;
! 定义2号工位的中断数据，用于2号工位中断程序触发
    PROC Main()
        rInitAll;
        WHILE TRUE DO
            IF diBoxInPos1=1 AND diPalletInPos1=1 AND bPalletFull1=FALSE THEN
                rPosition1;
                rPick1;
                rPlace1;
            ENDIF
            IF diBoxInPos2=1 AND diPalletInPos2=1 AND bPalletFull2=FALSE THEN
```
! IF判断当前2号工位是否满足执行码垛条件，必须同时满足物料到位、托盘到位、托盘未满载三个条件
方可执行
```
                rPosition2;
```
! 调用2号工位码垛位置计算程序
```
                rPick2;
```
! 调用2号工位物料拾取程序
```
                rPlace2;
```
! 调用2号工位物料放置程序
```
            ENDIF
            WaitTime 0.1;
        ENDWHILE
    ENDPROC

    PROC rInitAll()
        Reset doGrip;

        pActualPos:=CRobT(\tool:=tGrip);
        pActualPos.trans.z:=pHome.trans.z;
        MoveL pActualPos,MinSpeed,fine,tGrip\WObj:=wobj0;
        MoveJ pHome,MidSpeed,fine,tGrip\WObj:=wobj0;

        bPalletFull1:=FALSE;
        nCount1:=1;
        bPalletFull2:=FALSE;
```
! 复位2号工位托盘满载布尔量
```
        nCount2:=1;
```
! 复位2号工位码垛计数器
```
        IDelete iPallet1;
        CONNECT iPallet1 WITH tPallet1;
        ISignalDI diPalletChanged1,1,iPallet1;
        ISleep iPallet1;

        IDelete iPallet2;
```
! 断开中断数据iPallet2的中断链接
```
        CONNECT iPallet2 WITH tPallet2;
```
! 将中断数据iPallet2与中断程序tPallet2进行链接
```
        ISignalDI diPalletChanged2,1,iPallet2;
```

！定义触发条件，当托盘更换信号 diPalletChanged2 上升沿时，触发中断数据 iPallet2，从而与其链接的中断程序 tPallet2 被调用一次；该中断程序用于当 2 号工位满载的托盘更换之后，复位 2 号工位相关数据，从而再次执行 2 号工位码垛任务

```
        ISleep iPallet1;
```
！暂时将中断数据 iPallet2 休眠，在后续指定的位置再激活。休眠过程中断监控无效，只有在激活过程中中断监控才有效

```
    ENDPROC

    PROC rPick1()
        MoveJ pPickH1,MaxSpeed,z50,tGrip\WObj:=wobj0;
        MoveL pPick1,MinSpeed,fine,tGrip\WObj:=wobj0;
        Set doGrip;
        WaitTime 0.3;
        GripLoad LoadFull;
        MoveL pPickH1,MinSpeed,z50,tGrip\WObj:=wobj0;
    ENDPROC

    PROC rPlace1()
        MoveJ pPlaceH1,MidSpeed,z50,tGrip\WObj:=wobj0;
        MoveL pPlace1,MinSpeed,fine,tGrip\WObj:=wobj0;
        Reset doGrip;
        WaitTime 0.3;
        GripLoad LoadEmpty;
        MoveL pPlaceH1,MidSpeed,z50,tGrip\WObj:=wobj0;
        MoveJ pPickH1,MaxSpeed,z50,tGrip\WObj:=wobj0;
        nCount1:=nCount1+1;
        IF nCount1>20 THEN
            bPalletFull1:=TRUE;
            IWatch iPallet1;
        ENDIF
    ENDPROC

    PROC rPosition1()
        TEST nCount1
        CASE 1:
            pPlace1:=Offs(pBase1_0,0,0,0);
        CASE 2:
            pPlace1:=Offs(pBase1_0,600+10,0,0);
        CASE 3:
            pPlace1:=Offs(pBase1_90,0,400+10,0);
        CASE 4:
            pPlace1:=Offs(pBase1_90,400+10,400+10,0);
        CASE 5:
            pPlace1:=Offs(pBase1_90,800+20,400+10,0);
        CASE 6:
            pPlace1:=Offs(pBase1_0,0,600+10,200);
        CASE 7:
            pPlace1:=Offs(pBase1_0,600+10,600+10,200);
        CASE 8:
            pPlace1:=Offs(pBase1_90,0,0,200);
```

```
            CASE 9:
                pPlace1:=Offs(pBase1_90,400+10,0,200);
            CASE 10:
                pPlace1:=Offs(pBase1_90,800+20,0,200);
            CASE 11:
                pPlace1:=Offs(pBase1_0,0,0,400);
            CASE 12:
                pPlace1:=Offs(pBase1_0,600+10,0,400);
            CASE 13:
                pPlace1:=Offs(pBase1_90,0,400+10,400);
            CASE 14:
                pPlace1:=Offs(pBase1_90,400+10,400+10,400);
            CASE 15:
                pPlace1:=Offs(pBase1_90,800+20,400+10,400);
            CASE 16:
                pPlace1:=Offs(pBase1_0,0,600+10,600);
            CASE 17:
                pPlace1:=Offs(pBase1_0,600+10,600+10,600);
            CASE 18:
                pPlace1:=Offs(pBase1_90,0,0,600);
            CASE 19:
                pPlace1:=Offs(pBase1_90,400+10,0,600);
            CASE 20:
                pPlace1:=Offs(pBase1_90,800+20,0,600);
            DEFAULT:
                TPErase;
                TPWrite "the Counter of line 1 is error,please check it!";
                Stop;
            ENDTEST
            pPickH1:=Offs(pPick1,0,0,400);
            pPlaceH1:=Offs(pPlace1,0,0,400);
            IF pPickH1.trans.z<=pPlaceH1.trans.z THEN
                pPickH1.trans.z:=pPlaceH1.trans.z;
            ELSE
                pPlaceH1.trans.z:=pPickH1.trans.z;
            ENDIF
    ENDPROC

    TRAP tPallet1
        bPalletFull1:=FALSE;
        nCount1:=1;
        ISleep iPallet1;
        TPErase;
        TPWrite "The Pallet in line 1 has been changed!";
    ENDTRAP

    PROC rPick2()
! 声明2号工位物料拾取程序
        MoveJ pPickH2,MaxSpeed,z50,tGrip\WObj:=wobj0;
! 移动至2号工位拾取位置上方
```

```
        MoveL pPick2,MinSpeed,fine,tGrip\WObj:=wobj0;
! 移动至2号工位拾取位置
        Set doGrip;
! 置位吸盘工具控制信号，产生真空，拾取物料
        WaitTime 0.3;
! 延迟0.3s，确保物料完全被拾取，需要根据实际情况调整延迟时间
        GripLoad LoadFull;
! 拾取完成后加载有效载荷数据LoadFull
        MoveL pPickH2,MinSpeed,z50,tGrip\WObj:=wobj0;
! 移动至2号工位拾取位置上方
    ENDPROC

    PROC rPlace2()
! 声明2号工位放置程序
        MoveJ pPlaceH2,MaxSpeed,z50,tGrip\WObj:=wobj0;
! 移动至2号工位托盘放置位置上方
        MoveL pPlace2,MinSpeed,fine,tGrip\WObj:=wobj0;
! 移动至2号工位托盘上面的放置位置
        Reset doGrip;
! 复位吸盘工具控制信号，释放物料
        WaitTime 0.3;
! 延迟0.3s，确保物料被完全释放，需要根据实际情况调整延迟时间
        GripLoad LoadEmpty;
! 放置完成后加载空有效载荷数据LoadEmpty
        MoveL pPlaceH2,MidSpeed,z50,tGrip\WObj:=wobj0;
! 移动至1号工位托盘上面的放置位置上方
        MoveJ pPickH2,MaxSpeed,z50,tGrip\WObj:=wobj0;
! 移动至1号工位拾取位置上方
        nCount2:=nCount2+1;
! 2号工位码垛计数累计加1
        IF nCount2>20 THEN
! IF判断2号工位码垛计数器数值是否大于20，该工作站中托盘上需要码垛20个物料
            bPalletFull2:=TRUE;
! 若IF条件成立，即已超过20，则将满载布尔量设置为TRUE
            IWatch iPallet2;
! 激活2号工位中断程序，中断监控开启，若1号工位托盘更换信号有上升沿，则触发对应中断程序，执
行相关复位操作
        ENDIF
    ENDPROC

    PROC rPosition2()
! 声明2号工位放置位置计算程序
        TEST nCount2
! 判断当前1号工位计数器数值
! 2号工位的各位置计算方法和1号工位的一致，可参考之前的解读内容
        CASE 1:
            pPlace2:=Offs(pBase2_0,0,0,0);
        CASE 2:
            pPlace2:=Offs(pBase2_0,600+10,0,0);
        CASE 3:
```

```
                pPlace2:=Offs(pBase2_90,0,400+10,0);
        CASE 4:
                pPlace2:=Offs(pBase2_90,400+10,400+10,0);
        CASE 5:
                pPlace2:=Offs(pBase2_90,800+20,400+10,0);
        CASE 6:
                pPlace2:=Offs(pBase2_0,0,600+10,200);
        CASE 7:
                pPlace2:=Offs(pBase2_0,600+10,600+10,200);
        CASE 8:
                pPlace2:=Offs(pBase2_90,0,0,200);
        CASE 9:
                pPlace2:=Offs(pBase2_90,400+10,0,200);
        CASE 10:
                pPlace2:=Offs(pBase2_90,800+20,0,200);
        CASE 11:
                pPlace2:=Offs(pBase2_0,0,0,400);
        CASE 12:
                pPlace2:=Offs(pBase2_0,600+10,0,400);
        CASE 13:
                pPlace2:=Offs(pBase2_90,0,400+10,400);
        CASE 14:
                pPlace2:=Offs(pBase2_90,400+10,400+10,400);
        CASE 15:
                pPlace2:=Offs(pBase2_90,800+20,400+10,400);
        CASE 16:
                pPlace2:=Offs(pBase2_0,0,600+10,600);
        CASE 17:
                pPlace2:=Offs(pBase2_0,600+10,600+10,600);
        CASE 18:
                pPlace2:=Offs(pBase2_90,0,0,600);
        CASE 19:
                pPlace2:=Offs(pBase2_90,400+10,0,600);
        CASE 20:
                pPlace2:=Offs(pBase2_90,800+20,0,600);
        DEFAULT:
                TPErase;
                TPWrite "the Counter of line 2 is error,please check it!";
                Stop;
        ENDTEST
        pPickH2:=Offs(pPick2,0,0,400);
        pPlaceH2:=Offs(pPlace2,0,0,400);
        IF pPickH2.trans.z<=pPlaceH2.trans.z THEN
                pPickH2.trans.z:=pPlaceH2.trans.z;
        ELSE
                pPlaceH2.trans.z:=pPickH2.trans.z;
        ENDIF
ENDPROC

    TRAP tPallet2
```

！声明2号工位中断程序，当2号工位托盘更换后，触发更换完成信号上升沿调用一次此程序，执行该程序中相关复位内容

    bPalletFull2:=FALSE;

！复位2号工位托盘满载布尔量

    nCount2:=1;

！复位2号工位码垛计数器

    ISleep iPallet2;

！休眠2号工位中断程序，这样配合之前的休眠与激活，目的是保证在指定的一段时间内，保持该中断是可以被触发的，其他时间段内不可触发。在本工作站中是希望在当前工位码垛完成后到人工更换栈板这一段时间内，该中断可被触发，当工业机器人正在执行此工位码垛任务时不允许该中断触发，这样对于工作站运行来说较为安全

    TPErase;

    TPWrite "The Pallet in line 2 has been changed!";

！复位完成之后，通过写屏显示2号工位已完成复位相关状态信息

  ENDTRAP

  PROC rModify()

    MoveJ pHome,MinSpeed,fine,tGrip\WObj:=wobj0;

    MoveJ pPick1,MinSpeed,fine,tGrip\WObj:=wobj0;

    MoveJ pBase1_0,MinSpeed,fine,tGrip\WObj:=wobj0;

    MoveJ pBase1_90,MinSpeed,fine,tGrip\WObj:=wobj0;

    MoveJ pPick2,MinSpeed,fine,tGrip\WObj:=wobj0;

！将工业机器人移至2号工位拾取位置，可选中此条指令或pPick2点，单击示教器"程序编辑器"界面中的"修改位置"，即可完成对该基准目标点的示教

    MoveJ pBase2_0,MinSpeed,fine,tGrip\WObj:=wobj0;

！将工业机器人移至2号工位放置基准位置，竖着的姿态，可选中此条指令或pBase2_0点，单击示教器"程序编辑器"界面中的"修改位置"，即可完成对该基准目标点的示教

    MoveJ pBase2_90,MinSpeed,fine,tGrip\WObj:=wobj0;

！将工业机器人移至2号工位放置基准位置，横着的姿态，可选中此条指令或pBase2_90点，单击示教器"程序编辑器"界面中的"修改位置"，即可完成对该基准目标点的示教

  ENDPROC

ENDMODULE

8.　程序调试

  完成程序编辑修改之后，可以通过仿真运行来验证修改后的结果，在运行之前需要启动 2 号工位输送链系统。具体操作如下：

① 在"仿真"菜单下单击"仿真设定"。

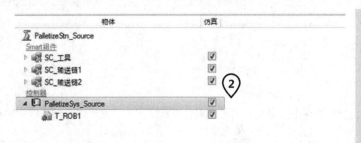

② 勾选 "SC_输送链 2"，激活 2 号工位输送链系统。

③ 单击 "仿真" 菜单中的 "播放"，查看工作站运行效果。

之后读者可以尝试更改各种各样的垛型以及码垛数量，模拟各种客户需求，练习完成后，做好备份，完成该任务的练习。

任务 7-3 ABB 工业机器人安装调试一般步骤

工作任务

➢ 掌握 ABB 工业机器人安装调试的流程步骤
➢ 能根据步骤查找对应内容的出处

经过之前的任务执行学习，现在就具备了进行 ABB 工业机器人基本调试的能力。表 7-6 为 ABB 工业机器人安装调试的一般步骤，并有安装调试过程中涉及的知识点在本书中的位置，方便读者完成安装调试的工作。

表 7-6　ABB 工业机器人安装调试的一般步骤

序　号	安装调试内容	参 考 内 容
1	工业机器人本体与控制柜的拆箱与安装	项目 2
2	工业机器人本体与控制柜之间的电缆连接	项目 2
3	示教器与控制柜连接	项目 2
4	接入主电源	项目 2
5	检查主电源正常后，上电	项目 2
6	工业机器人六个轴机械原点的校准操作	项目 3
7	I/O 信号的设定	项目 4
8	安装工具与周边设备	项目 5
9	编程调试	项目 6、项目 7
10	投入自动运行	项目 7

学 习 测 评

自我学习测评见表 7-7。

表 7-7　自我学习测评

要　　求	自我评价			备　注
	掌握	知道	再学	
掌握 RobotStudio 工作站的打包和解包				
掌握轨迹类应用工具坐标系的创建方法				
掌握轨迹类应用工件坐标系的创建方法				
掌握程序编辑器界面工具的使用				
掌握偏移算法的使用				
掌握 U 形槽轨迹的编辑处理				
掌握圆形轨迹的编辑处理				
了解码垛工作站布局				
了解码垛工作站常用 I/O 信号				
掌握搬运类应用的编辑和优化				
掌握搬运类节拍优化技巧				
掌握踩型设计技巧				
掌握单工位码垛和多工位码垛编写技巧				
掌握 ABB 工业机器人一般安装调试的步骤				

练 习 题

1. 练习 U 形和圆形轨迹的示教。
2. 请总结轨迹偏移算法函数使用的原理与方法。
3. 请总结码垛工作站常用 I/O 信号的情况。
4. 请总结搬运类节拍优化的技巧。
5. 请编写一个双工位码垛程序。
6. 请总结 ABB 工业机器人一般安装调试的步骤。

项目 8　ABB 工业机器人进阶功能

任务目标

➢ 掌握系统信息查看
➢ 掌握系统重启
➢ 认识服务例行程序
➢ 掌握 ABB 工业机器人随机手册的查阅

任务 8-1　系统信息查看

工作任务

➢ 查看控制器属性
➢ 查看系统属性
➢ 查看硬件设备信息
➢ 查看软件资源信息

1. 查看控制器属性

在真实或虚拟示教器界面中浏览系统属性信息的步骤如下：

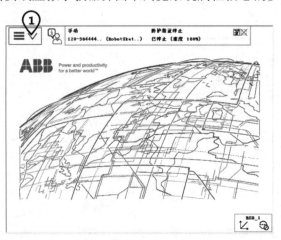

①单击菜单栏。

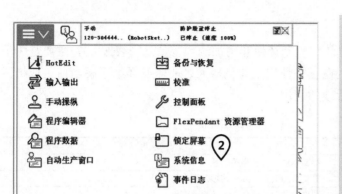

② 单击"系统信息"。

ℹ️ 在此界面中可以分别浏览控制器属性、系统属性、硬件设备、软件资源。

③ "控制器属性"下拉菜单中"网络连接"里的"服务端口"可以查看其 IP 地址。服务端口是用于 RobotStuido 联机的调试口，一般计算机端自动获取 IP 即可连接上工业机器人，也可以将 PC 端 IP 设置成同一字段的 IP。此外，该菜单还有 WAN 网口相关信息以及当前已安装的系统信息等。

2. 查看系统属性

系统属性主要包括控制模块、驱动模块和附加选项等信息（表8-1），主要是关于该工业机器人所购置的相关选项，在正式使用工业机器人之前需要详细了解当前工业机器人拥有哪些功能选项，方可便于后续的使用。

表8-1 系统属性

系 统 属 性	说 明
控制模块	控制模块型号及相关信息
选项（控制模块）	已安装的 RobotWare 选项及语言等信息
驱动模块	列出所有驱动模块型号及相关信息
选项（驱动模块）	驱动模块选项及相关信息
附加选项	附加选项相关信息（如弧焊包）

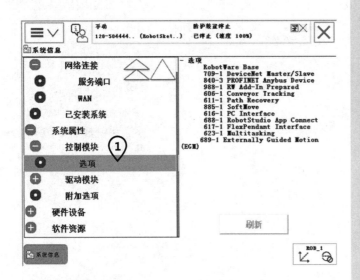

① 展开"系统属性"，单击"控制模块"下的"选项"，查看控制选项及语言的相关信息。

ℹ️ 工业机器人有众多功能选项可以购置，如区域监控、伺服软化、输送链跟踪、路径恢复、切割包、弧焊包等，建议在采购之前规划好需要购置的选项，若采购后增加选项则需要重装系统。

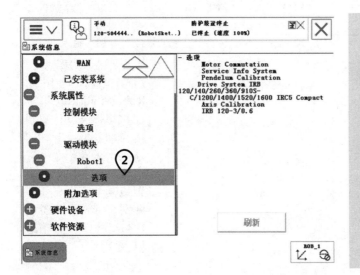

② 展开"系统属性"，单击"驱动模块"下"Robot1"的"选项"，查看驱动选项相关信息。

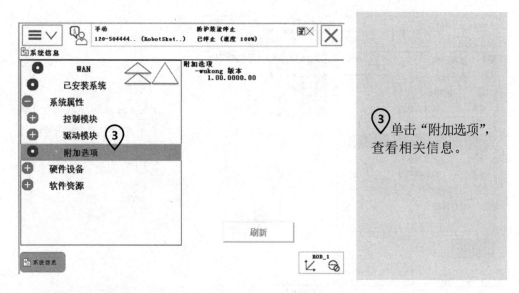

③ 单击"附加选项"，查看相关信息。

3.　查看硬件设备信息

硬件设备中包含了已连接的所有硬件的相关信息（表 8-2）。

表 8-2　硬件设备

硬 件 设 备	说　　　明
控制柜	控制器的名称及相关信息
计算机系统	包含主机的相关信息
电源系统	包含电源单元的相关信息
安全面板	提供有关面板软硬件信息
驱动模块	包含轴计算机、驱动单元、接触器电路板的相关信息
机械单元	包含所有与控制器相连的工业机器人或外轴信息

① 展开"硬件设备"，单击"控制柜"中的"计算机系统"，查看相关信息，如"大容量存储器"。

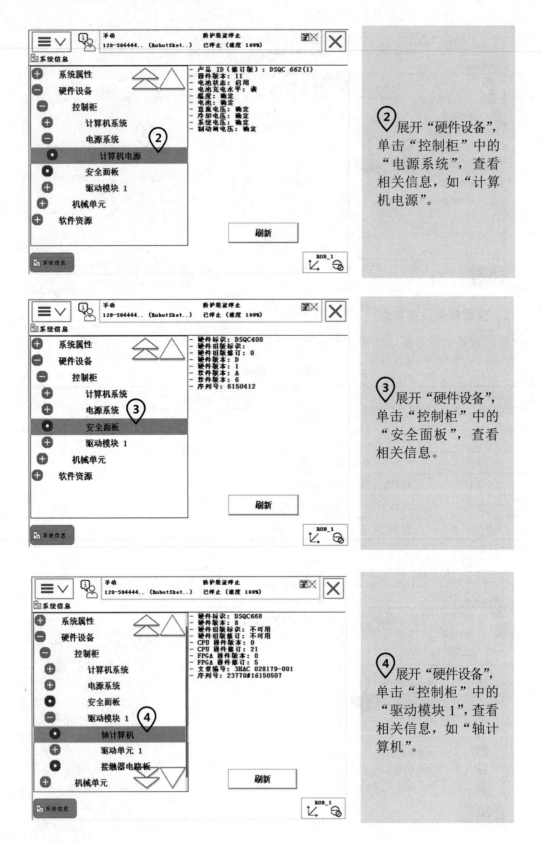

② 展开"硬件设备"，单击"控制柜"中的"电源系统"，查看相关信息，如"计算机电源"。

③ 展开"硬件设备"，单击"控制柜"中的"安全面板"，查看相关信息。

④ 展开"硬件设备"，单击"控制柜"中的"驱动模块1"，查看相关信息，如"轴计算机"。

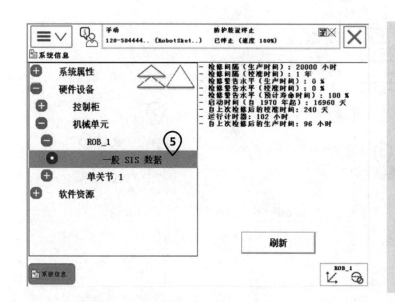

⑤ 展开"硬件设备"，单击"控制柜"中的"机械单元"，查看相关信息，如"一般 SIS 数据"。

4. 查看软件资源信息

软件资源中包含了系统、RAPID、通信的相关信息（表 8-3）。

表 8-3 软件资源

软件资源	说　　明
系统	包含有关开机时间与内存的相关信息
RAPID	控制器所使用的编程语言相关信息
RAPID 内存	RAPID 程序分配的内存信息
RAPID 性能	显示 RAPID 执行负载
通信	包含有关 Remote Service Embedded（嵌入式远程服务）的相关信息

ℹ Remote Service Embedded 选项自 2016 年下半年起作为默认配置，出厂时已默认具备该功能，详细信息可以联系 ABB 工业机器人售后服务部门。

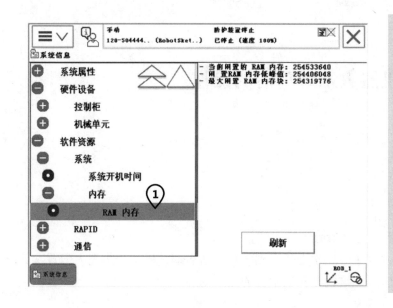

① 展开"软件资源"，单击"系统"，查看相关信息，如"RAM 内存"。

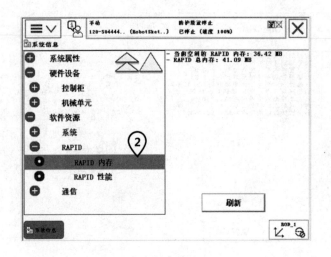

② 展开"软件资源",单击"RAPID",查看相关信息,如"RAPID 内存"。

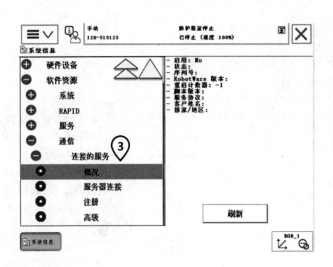

③ 展开"软件资源",单击"通信",在"连接的服务"菜单中查看相关信息,如"概况"。

任务 8-2 工业机器人系统重启的操作

工作任务

➤ 掌握系统重启的操作
➤ 理解高级菜单中不同重启项的作用

在使用工业机器人的过程中,经常会使用到各种重新启动,例如当机器人配置参数更改后,需要重新启动才可生效,这就是我们常说的热启动。

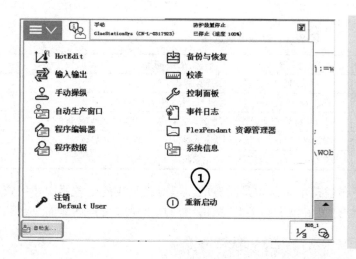

① 打开 ABB 菜单栏，单击"重新启动"。

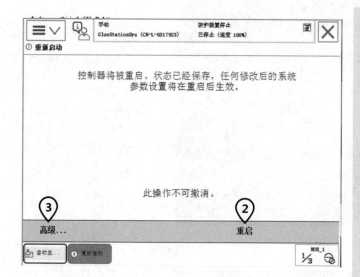

② 如果单击"重启"，则工业机器人系统重新启动，配置的相关参数及属性开始生效，即通常所说的热启动；热启动较为常用，所以在此处设置了重启，另外在高级启动中也有重启的操作，功能与此处一致。

③ 单击"高级…"，进入"高级"启动界面。各选项说明见表 8-4。

ℹ️ 工业机器人每次正常关机时均会自动生成一个当前配置的镜像文件，当下次开机时如有系统问题，则可尝试恢复到上次自动保存的状态，可用于快速排除一般的系统故障。

表 8-4　重启高级选项

重启高级选项	说　明
重置系统	系统恢复到出厂设置，对应 5.X 版本中的 I 启动
重置 RAPID	清除 RAPID 程序代码，对应 5.X 版本中的 P 启动
启动引导应用程序	进行系统 IP 设置及系统管理界面，对应 5.X 版本中的 X 启动
恢复到上次自动保存的状态	恢复到上次正常关机时的状态，对应 5.X 版本中的 B 启动
关闭主计算机	关闭主计算机，然后再关闭主电源，是较为安全的关机方式

　　其中，启动引导应用程序在虚拟示教器中是没有的，只有在真实的示教器中才可查看到；选中"启动引导安装程序"，单击"下一个"，单击"启动"进入该启动界面。

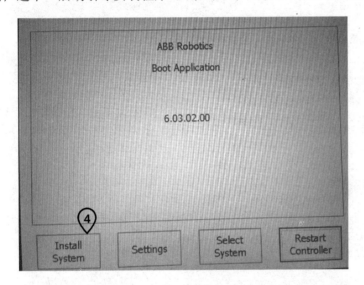

④ Install System 用于 U 盘安装工业机器人操作系统，建议使用 RobotStudio 直接连接工业机器人进行系统安装，操作会更为简单快捷。

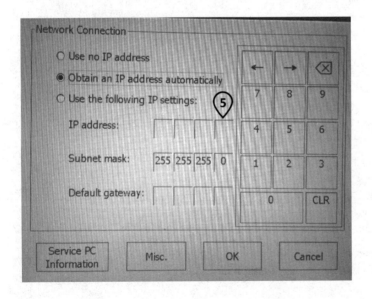

⑤ Settings 用于设置工业机器人 IP 地址。工业机器人需具备 PC Interface 功能才可设置，可将工业机器人与其他设备进行以太网连接，例如视觉应用中可以将工业机器人与摄像头设置成同一 IP 网段，从而进行数据交互。

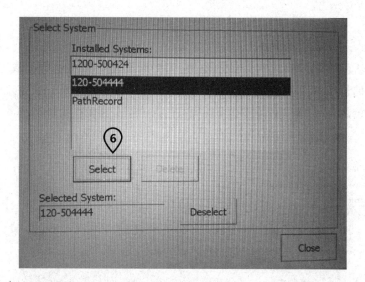

⑥ Select System 可切换不同的操作系统，出厂默认一个操作系统，可根据实际情况安装多个操作系统，以便适用于不同的应用场景。注意：每个操作系统均需官方授权。在此界面选择需要启动的系统，单击"Select"，然后单击"Close"。

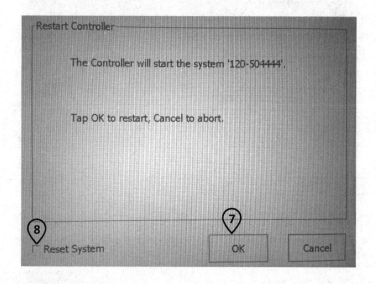

⑦ 系统会提示即将启动的系统名称，确认无误后单击"OK"即可。

⑧ 若勾选"Reset System"，则系统重启时，当前选择的操作系统会恢复到出厂设置，会清空当前启动系统中的所有配置及代码。

任务 8-3　认识服务例行程序

 工作任务

➢ 掌握服务例行程序的调用
➢ 掌握服务例行程序——SMB 电池关闭的操作
➢ 掌握服务例行程序——维护信息管理功能的操作
➢ 掌握服务例行程序——有效载荷测定的操作

1. 服务例行程序调用

工业机器人在出厂时默认配置了一系列的系统服务例行程序,可用于一些特定的操作,例如 SMB 电池关闭、维护信息管理、载荷测试、关节轴校准等,此任务主要介绍前三个较为常用的服务例行程序;调用例行程序必须在主程序中进行,通过 ABB 菜单栏进入程序编辑器中。

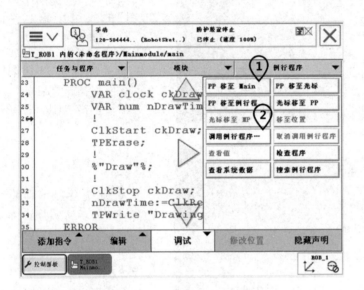

① 在程序编辑器菜单中,单击"调试",单击"PP 移至 Main"。

② 单击"调用例行程序..."。

ℹ️ 系统服务例行程序数量会根据工业机器人选项配置的差异而有所不同,本任务介绍的 SMB 电池关闭、维护信息管理、载荷测定 3 个均是出厂默认配置就带有的。

2. 服务例行程序——SMB 电池关闭的操作

当工业机器人长时间处于停用状态下,建议将 SMB 电池关闭,可延长电池寿命,下次使用时只需重新更新转数计数器即可正常运行。具体操作如下:

① 选中 "Bat_Shutdown"。

② 单击 "转到"。

③ 在手动模式下,按使能器按钮上电。

④ 按播放按钮键。

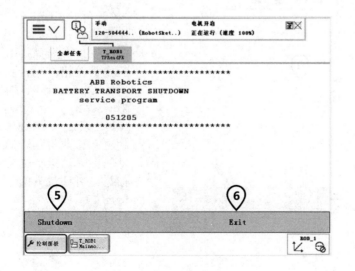

⑤ 单击 "Shutdown"。

⑥ 单击 "Exit"。

ℹ 电池关闭后,切断主电源,则 SMB 所存储的数据丢失,即关节轴原点丢失,下次上电,电池自动激活,需要重新更新一下转数计数器方可正常使用。

3. 服务例行程序——维护信息管理功能的操作

ServiceInfo 是基于 Service Information System（SIS）的服务例行程序，该软件可以简化工业机器人系统的维护。它对工业机器人操作时间和模式进行监控，并提供及时的维护活动提示功能。工业机器人系统中内置了数个计时器，当任何一个计时器计时超过设置的上限时，开机时均会弹出维护保养的相关信息，例如："距离上一次检修已过 365 天，请按照维护保养手册内容进行检修……"；当按照要求完成了相关维护保养操作之后，需要重置该时钟，此操作需要运行 ServiceInfo 服务例行程序，维护保养内容可在 ABB 官方工业机器人手册的产品手册中对应的维护保养章节中查找到。

按照之前的操作，进入"调用服务例行程序"界面。

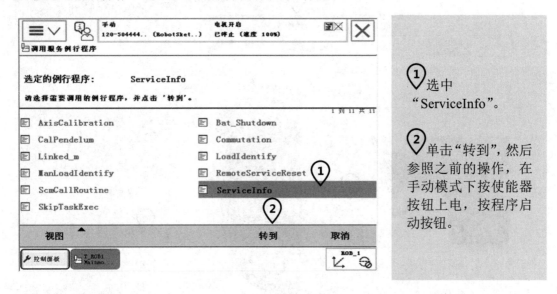

① 选中"ServiceInfo"。

② 单击"转到"，然后参照之前的操作，在手动模式下按使能器按钮上电，按程序启动按钮。

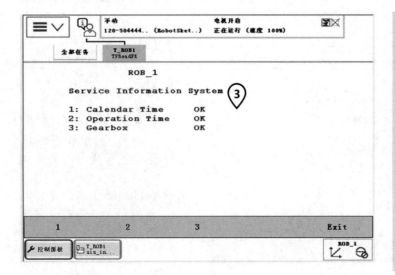

③ 该界面中显示 3 个计时器，1 为日历时间，2 为运行时间，3 为齿轮箱时间；状态为 OK 表示该计时器未超时，状态为 NOK 表示该计时器超时。工业机器人启动时会弹出维护提醒信息，可通过界面下侧的"1""2""3"进行计时器的选择。

④假设 1 日历时钟超时，单击"1"，进入该计时器界面，可查看该计时器的相关信息，单击"Reset"即可重置该时钟。该计时器默认 365 天，主要用于检查、清洗等常规维护保养提醒。

⑤复位完成后，单击"Ok"即可退出。

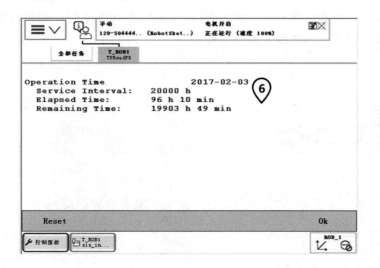

⑥假设 2 运行时间超时，则单击"2"进入该计时器界面，可查看相关信息。该计时器主要用于提示更换齿轮箱润滑油，以小时为单位，复位操作与之前的一样。

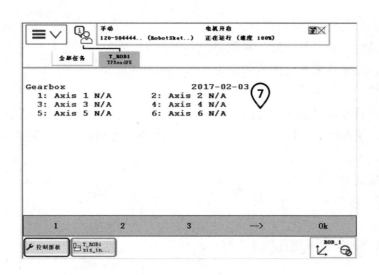

⑦假设 3 齿轮箱时间超时，则选择"3"，进入该计时器界面，该界面显示各个关节轴的齿轮箱维护信息。该计时器主要用于检查齿轮箱的磨损状态。

ℹ️ 关于更为详细的维护保养内容请自行参考 ABB 工业机器人官方手册中的相关内容。

4. 服务例行程序——有效载荷测定的操作

工业机器人在运行之前，必须准确设置相关载荷。工业机器人载荷主要有三种，如图 8-1 所示，A 为上臂载荷，B 为工具载荷，C 为有效载荷。其中，B 和 C 经常用到，需要准确设置载荷的质量、重心偏移、转动惯性矩等相关信息。但是很多时候这些数据很难直接人为测量准确，可以使用系统自带的载荷测定程序进行自动测定，可快速准确地设置工具载荷和有效载荷。该功能不能测定上臂载荷，关于上臂载荷的设置可参考 ABB 工业机器人官方手册中的相关内容。

某些场合工业机器人只有工具载荷，例如切割、焊接、涂胶，只需测定工具载荷即可；某些场合工业机器人拥有工具载荷和有效载荷，例如搬运、码垛、机床上下料，则必须先测定工具载荷，然后用工具夹持工件后再测定有效载荷。

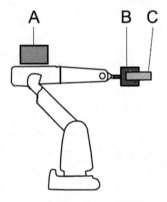

ℹ️ 载荷测定的对象不能为 tool0 和 load0，请测定之前在手动操作界面选择好需要测定的工具数据和有效载荷数据。

图 8-1 工业机器人载荷

在运行载荷测定程序之前，需要做以下准备：

1）在手动操作界面中已选定需要测定的工具数据。

2）在手动操作界面中已选定需要测定的有效载荷数据（如需测定）。

3）工具已正确安装到位。

4）工件已被工具夹持并且牢固可靠（如需测定）。

5）关节轴 6 接近水平，并且轴 3、5、6 不要过于接近极限位置，建议将工业机器人各个关节轴全部调整至 0 进行测定。

6）如有上臂载荷，请提前设置好。

7）速度设置为 100%。

8）系统处于手动模式。

参考之前的操作，进入"调用服务例行程序"界面。

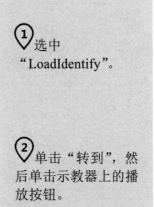

① 选中 "LoadIdentify"。

② 单击"转到"，然后单击示教器上的播放按钮。

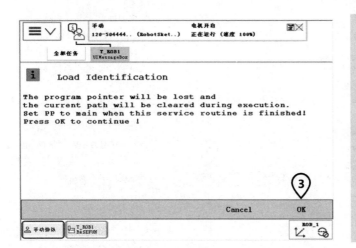

③ 提醒注意事项：当前路径被清除；程序指针会丢失，完成后将指针移动至 Main；确认完成后单击"OK"。单击"OK"。

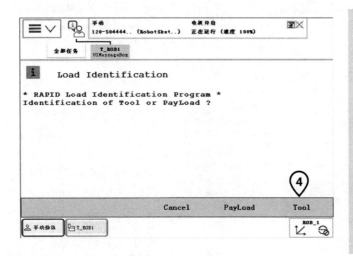

④ 选择测定的对象，Tool 为工具数据，PayLoad 为有效载荷数据。假设测定工具，则单击"Tool"。

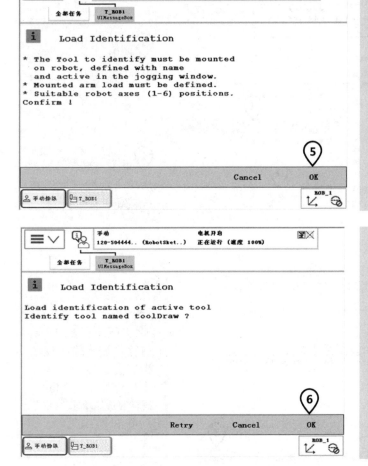

⑤ 提醒注意事项：工具已安装到工业机器人上，并且已在手动操作界面中选中该工具数据；上臂载荷已经设置；各关节轴在合适的位置。

确认完成后单击"OK"。

⑥ 询问当前是否测定工具 toolDraw，即当前手动操作界面中选中的工具数据名称。

当前任务中使用的工具数据名称为 toolDraw，确认完成后单击"OK"，否则单击"Retry"。

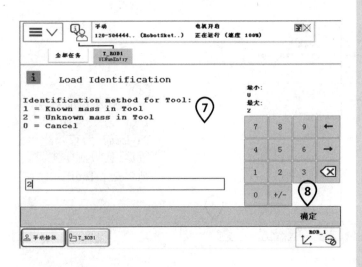

⑦ 询问是否已知工具的质量，1 表示已知，2 表示未知，0 表示取消。若已知工具质量，则在测定之前需要将工具质量人为输入工具数据中的 mass 栏，测定过程中参考此质量信息进行测定；若未知，选择 2，则工业机器人自行测定质量信息。

⑧ 此任务中假设未知工具质量信息，输入"2"，单击"确定"。

⑨ 选择关节轴 6 允许的运动角度限制，建议选择"+90"或"－90"。若因为安装工具的因素使得当前关节轴 6 难以实现 90°的运动角度限制，则可以选择"Other"，运动角度限制不能小于 30°。

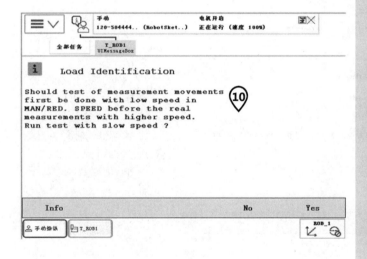

⑩ 询问是否需要自动测试前在手动模式下进行慢速测试。如果是初次测试，不太确定工业机器人的运动形态，建议先手动慢速测试一遍，然后再执行最终的自动测试；后续若发现工业机器人运动形态是安全的，则测试时可跳过手动慢速测试直接执行自动测试。此处单击"Yes"，执行手动慢速测试。

⑪ 单击"MOVE"，则工业机器人开始执行慢速测试，此时工业机器人会测试各个关节能否运动至测试位置，整个过程中使能上电不能中断，否则需要重来一遍。

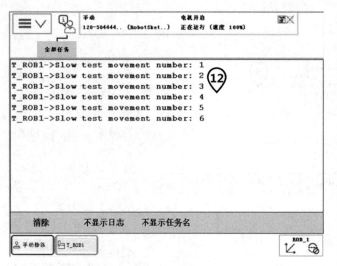

⑫ 工业机器人开始执行测试运动，屏幕上会显示运动步骤，慢速测试不会测出结果，步骤也较少，一般7步左右。

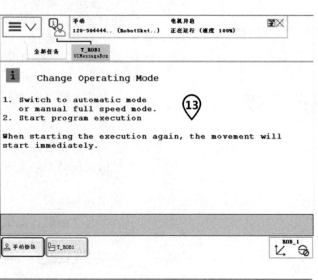

⑬ 手动慢速测试完成后，提示切换到自动或手动全速模式。建议切换到自动模式，之后电机上电，再单击程序启动按钮。

⑭ 工业机器人开始执行自动测试，此过程会比较长，一般需要20步左右。运动过程中注意观察工业机器人的运动，遇到紧急情况请及时停止运行。

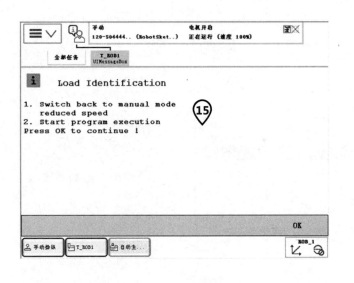

⑮ 测试完成后，提示切换回手动模式，切换到手动后使能上电，再单击示教器播放按钮，然后单击右下角的"OK"。

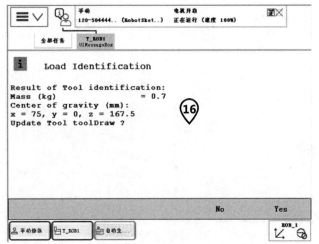

⑯ 自动测试出的部分载荷结果会显示在屏幕上，如果需要应用到对应测试的工具数据 toolDraw 里，单击"Yes"。建议新载荷第一次测试时多测试几遍，确保测试结果接近真实值。

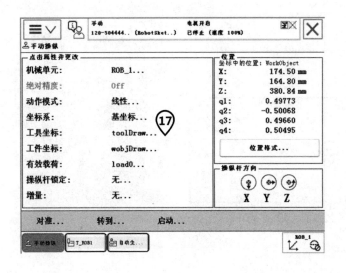

⑰ 测试完成后，可以查看一下测试结果，在"手动操纵"界面单击"工具坐标"。

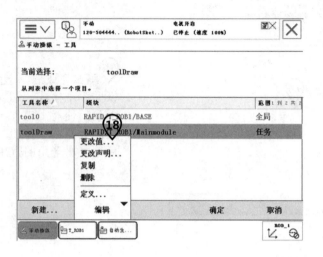

⑱ 选中工具数据 "toolDraw"，单击 "编辑" 里的 "更改值…"。

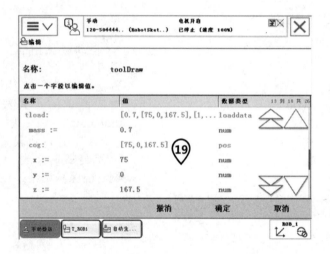

⑲ 在 tload 一组数据中查看相关载荷信息、质量以及重心偏移。

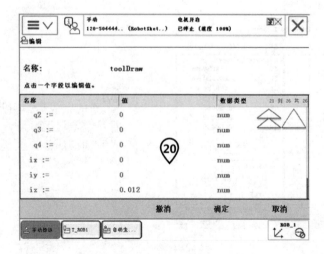

⑳ 转动惯性矩等数值信息

ℹ️ 若还有有效载荷需要测试，先创建后对应的有效载荷数据，工具夹持住工件再运行一遍该服务例行程序，类型选择 "PayLoad" 即可，后续步骤与上述相同。

任务 8-4　掌握 ABB 工业机器人随机手册的查阅

工作任务

➤ 了解获得手册的渠道

➤ 了解常用手册有哪些

ABB 工业机器人相关的使用说明文档及手册会随工业机器人一起交付给用户。手册的内容包括了 ABB 工业机器人从安装、调试、使用以及维护的方方面面。也可以关注微信公众号：robotpartnerweixin 进行下载。

为了更有效地使用手册，以 6.08 版本的手册为例，就说明手册的用途给读者进行说明。

解压"ABB 机器人官方手册 6.08.zip"，单击"Viewer6.08.exe"（图 8-2），进入浏览界面。

图 8-2　单击"Viewer6.08.exe"

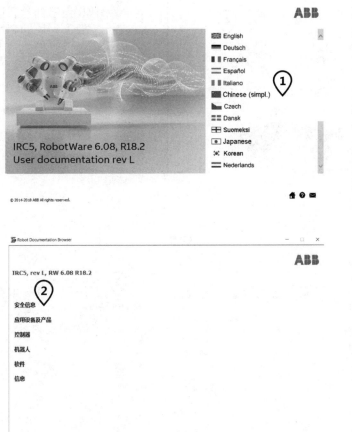

① 单击"Chinese（simpl.）"。

② "安全信息"包含了各类安全相关的说明，在使用工业机器人之前请详细浏览相关内容，避免发生危险！

③ 例如，需要手动松开大型机器人刹车，可参考"操作员手册——紧急安全信息"中的 1.2 节的相关内容。

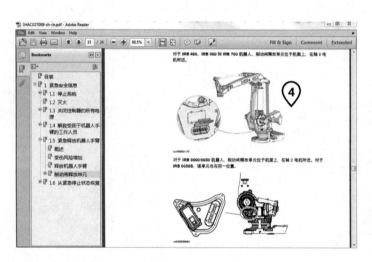

④ 例如，当遇到紧急情况，需要人为松动刹车时，可参考"操作员手册——紧急安全信息" 1.5 节中的相关内容。

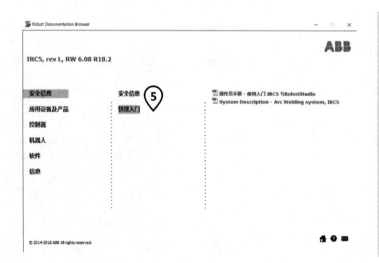

⑤ "快速入门"主要是关于工业机器人基础操作的相关内容。

⑥ 例如，PC 与工业机器人控制器如何连接，从而执行联机调试，可参考"操作员手册 —— 使用入门 IRC5 与 RobotStudio"中相关内容。

⑦ "应用设备及产品"是关于工业机器人周边设备的规格、使用、电路及备件的说明。

⑧ 例如，需要使用 ABB 工业机器人原配的视觉系统，则可以查看"视觉系统"下的对应说明书。

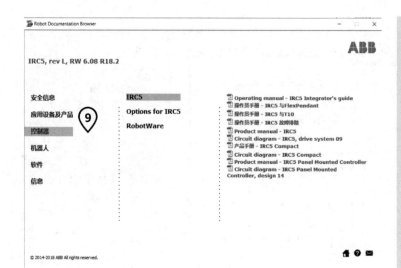

⑨ "控制器"主要是关于 ABB 工业机器人 IRC5 控制器的规格、操作、功能选项和应用软件的说明，特别是通信相关的内容在这里有详细的说明。

⑩ 例如，要学习工业机器人控制器及示教器的操作，可以查看"操作员手册——带 FlexPendant 的 IRC5"中的内容。

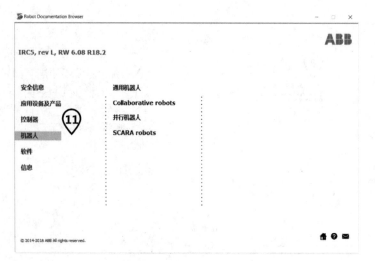

⑪ "机器人"主要是关于使用 RobotWare 6.08 系统的全部机器人规格、操作、维护、电路图和备件的详细说明。

 例如，查看 IRB 120 关于维护维修的内容，可以查看"产品手册——IRB 120"。

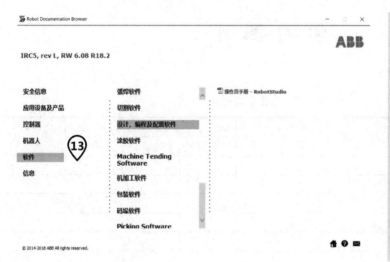

"软件"主要是关于与 ABB 工业机器人配套软件产品的使用操作说明，包括常用的仿真软件 RobotStudio、弧焊软件、切割软件等。

例如，查看仿真软件 RobotStudio 的使用说明，可以参考"操作员手册——RobotStudio"中的相关内容。

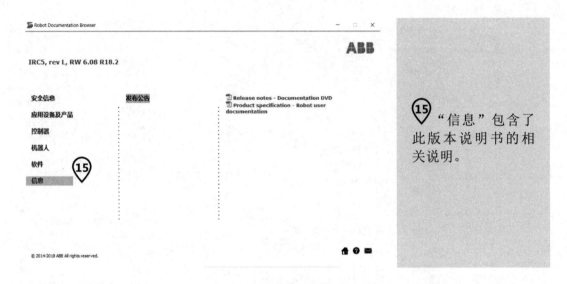

⑮ "信息"包含了此版本说明书的相关说明。

学 习 测 评

自我学习测评见表8-5。

表8-5 自我学习测评

要　求	自 我 评 价			备　注
	掌握	知道	再学	
掌握系统信息的查看方法				
掌握查看当前系统支持的功能选项的方法				
掌握高级启动用法				
掌握工业机器人 IP 设置方法				
掌握系统切换方法				
掌握系统服务例行程序的调用方法				
掌握 SMB 电池关闭的方法				
掌握维护信息管理的方法				
掌握工业机器人载荷测定的方法				
掌握 ABB 工业机器人随机手册的查看方法				

练 习 题

1. 请在示教器查看工业机器人选项有哪些？
2. 在重启的高级选项中，哪个选项可以恢复到上次正常关机时的状态？
3. 请总结关闭 SMB 电池的操作流程。
4. 请总结工业机器人载荷测定的操作流程。
5. 在手册中，如果要查看控制器的电路图，应该在哪个类别中查找？